车削技术经验

郑文虎　编著

中国铁道出版社

2013年·北　京

内容简介

本书以图文并茂的形式，介绍了车削工艺、车削刀具、车床夹具和难切削材料的车削四章共17部分等204条车削技术经验。可供车工借鉴、参考和运用，也可供相关技术专业师生参考。

图书在版编目(CIP)数据

车削技术经验/郑文虎编著. —北京：中国铁道出版社，2013.5
ISBN 978-7-113-16403-4

Ⅰ.①车…　Ⅱ.①郑…　Ⅲ.①车削—经验　Ⅳ.①TG51

中国版本图书馆CIP数据核字(2013)第076221号

书　　名：**车削技术经验**
作　　者：郑文虎　编著

责任编辑：徐　艳　　**电话**：010-51873193
编辑助理：张卫晓
封面设计：崔　欣
责任校对：焦桂荣
责任印制：郭向伟

出版发行：中国铁道出版社(100054，北京市西城区右安门西街8号)
网　　址：http://www.tdpress.com
印　　刷：北京市燕鑫印刷有限公司
版　　次：2013年6月第1版　　2013年6月第1次印刷
开　　本：850 mm×1 168 mm　1/32　**印张**：5.75　**字数**：145千
书　　号：ISBN 978-7-113-16403-4
定　　价：20.00元

前　言

车削加工是机械加工的一个基础工艺技术工种，也是金属切削的理论基础，各个制造领域都离不开它。

“经验是实践得来的知识或技能”。技术经验是巧妙运用基础技术理论的结晶，经验是实践后运用技术理论进行总结的升华，技术经验是解决生产技术难题的一种简而易行的捷径。一个人要想为国家和企业做出更大贡献，实现人生最大的价值，除努力干好本职工作外，还要不断学习，总结和运用技术经验，学习、借鉴和运用他人的技术经验，提高自己在技术领域中的应变能力，促进技术进步和生产力发展。

此书是总结我 50 年来技术经验和收集社会上一些技术经验而成。包括车削工艺、车削刀具、车削夹具和难切削材料的车削，共 200 余条。

在编写的过程中，得到中国北车集团北京南口轨道交通机械有限责任公司的大力支持，同时也参考了其他作者的相关资料，在此一并衷心地感谢！由于编者水平所限，书中难免有错误之处，表示恳请读者指正。

编者

2013 年 2 月 8 日

目　录

第一章 车削工艺

第一节 轴杆类工件的车削

1. 高速车削细长轴时应注意的几个问题

由于细长轴的长径比大、刚度差，在高速车削时的离心力大和操作不慎易产生振动、多棱、竹节、圆柱度和弯曲超差等缺陷。要想顺利地车削好它，就必须全面掌握每一步操作技术、辅具和夹具的使用、机床调整和刀具的选用等等。

(1) 机床的调整。采用试切和检验棒调整法，使车床主轴和尾座两中心的连线与车床大导移动方向上下左右平行，误差小于0.02 mm，以使车削出的细长轴圆柱度好。

(2) 工件安装。一般采用左端用三爪自定心卡盘夹，右端用回转顶尖顶。为了防止过定位，卡爪夹的长度应小于10 mm，顶尖以顶好为止，不要用力。在车削过程中，由于切削热会使工件伸长，应随时调整顶尖，以防工件弯曲。

(3) 刀具。采用主偏角$\kappa_r=75^\circ\sim90^\circ$偏刀，后角$\alpha_o=6^\circ\sim8^\circ$，$\lambda_s=0^\circ\sim3^\circ$，$r_\varepsilon=0.4\sim0.8$ mm，$\alpha_o'=4^\circ\sim6^\circ$，千万不宜大。在粗车时，刀尖应高于工件中心（约工件直径的百分之一），以防止多棱的产生。

(4) 跟刀架。安装在车床后，必须对跟刀架的托爪弧面进行修整。修整的方法，可采用研磨或铰削和镗削。修整后的托爪与工件接触的弧面半径$R\geqslant$工件已准备要车好半径，千万不可小于要车的工件半径，以防止多棱产生。在调整跟刀架托爪时，一定要迅速稳妥，使爪面与工件外圆接触即可，不要用力，以防竹节的产生。

（5）辅助支承。当工件长径比大于40时，应在车削过程中增设辅助支承，如专用托架、木板或中心架下部两爪。以防止振动和离心力甩弯。

（6）精车。当粗车或精车完后，细长轴的直线度还好、余量小时，这时就可把车刀移跟刀架托爪的左面，进行精车或宽刃刀精车。

（7）在车削过程中校直。由于内应力、切削力和热的影响，工件在粗车后有时可能弯曲，这时可把工件用双顶尖顶起，用千斤顶顶在工件弯曲的高度，用反击法敲击工件的凹处，校直工件后再车削。也可把工件放在大平台上，按上述方法进行。

2. 反击法校直

细长轴在车削前对毛坯料有一定的直线度要求，一般要求弯曲度不得大于0.5～1 mm。如果太弯曲，就必须先校直后再车削，否则就会在第一次走刀后外圆车不圆，还会因切削力和热造成更大的弯曲，而造成废品。

校直时，一般采用反击法。即是在大面积的铸铁平台上，滚动坯料用目测看坯料与平台之间的间隙，如发现哪段间隙大，再把坯料旋转180°，用手锤的锤头棱边用力砸坯料弯曲的凹处，锤击的力度大小、次数和长度与坯料的弯曲程度成正比。校直的顺序是先校直坯料的两头，最后校中段。通过这样反复检测和校直，就可把工件校直。采用这种校直方法校直后，工件不易回弹，车削后也不易再变弯，操作简便，也适用于粗车后的细长轴校直。

3. 降低细长轴表面粗糙度值的方法

有的细长轴表面粗糙度值要求较小，一般车削方法难以达到，又无专用磨床磨削，这时可采以下几种方法：

（1）宽刃低速精车。它可以使工件表面粗糙度值达到 $Ra1.6\ \mu m$。宽刃刀的切深前角 $\gamma_p=20°\sim25°$，切深后角 $\alpha_p=10°\sim$

12°，κ_r＝3°左右，κ_r'＝1.5°左右，修光刃宽度为 8～15 mm，刀刃的前、后面经过研磨。使用时，修光刃与工件轴线平行，$v_c \leqslant 5$ m/min，a_P＝0.02～0.075 mm，f＝2～8 mm/r，选用润滑性能好的切削油。

（2）滚压加工。对精车后的细长轴，用外圆滚压工具进行滚压，可使 Ra12.5～6.3 μm 的表面粗糙度值降低到 Ra0.8～0.2 μm，而且使工件表面硬度提高 30％以上，且提高耐磨性。滚压时，把跟刀架放在滚压头的前面，把工件擦干净并涂上润滑油。

（3）采用单轮珩磨。珩磨工具如图 1-1 所示。细长轴外圆留 $2a_P$＝0.03～0.05 mm 的珩磨余量，安装珩磨工具时，使珩磨轮的轴线向右（顺时针方向）倾斜 25°～35°。珩磨时，工件速度 v_w＝50～60 m/min，f＝0.5～1 mm/r，珩磨轮对工件的压力为 200～300 N，并使用大量的切削液，往复珩磨 3～5 次，即可达到 Ra0.8～0.4 μm 的表面粗糙度值，其效率比磨削高几倍。

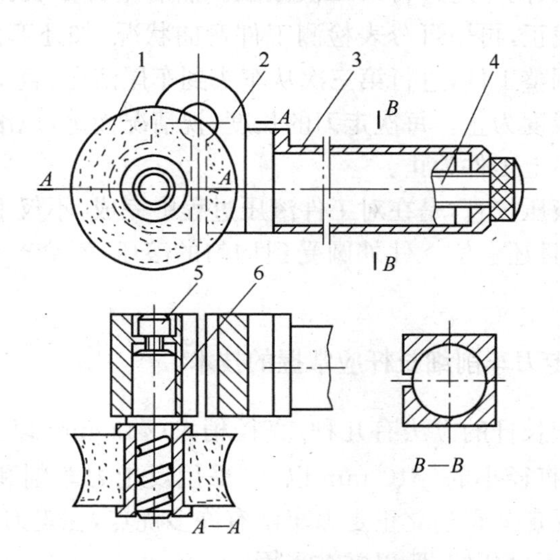

图 1-1　外圆单轮珩磨工具

1. 珩磨轮；2. 弹性刀杆；3. 方套；4. 螺钉；5. 小轴；6. 小轴

4. 滚压校直法

在车削大型的活塞杆时，为了提高工件表面的硬度、耐磨性和降低表面粗糙度值，延长活塞杆使用寿命，常对外圆进行滚压加工。由于滚压过程中的滚压力和表层金属塑性变形不一样，工件会产生弯曲。采用一般校直的方法，会损伤杆的表面。通过几十年的实践，发现也可以在滚压过程中，通过滚压把刚度较好的活塞杆校直，使直线度达到要求。

在对工件的滚压过程中，被滚压的工件在外力的作用下，因工件表层硬度不均匀而产生弯曲。弯曲的旋转中心高处，承受的滚压力大，产生的塑性变形也就大，这样工件的弯曲度更加增大。特别是采用刚性滚压工具时，此现象更为突出。

滚压校直的方法，是在第一次走刀滚压后，用百分表检测工件的弯曲程度，并在弯曲凹处作上记号，用四爪单动卡盘把工件的凹处调整到机床主轴回转中心的高处来，并与工件弯曲的大小成正比，再从车头向车尾进行第二次滚压。然后用百分表和四爪把工件的左端找正，再用百分表检测工件弯曲状况，如还弯曲，再用上述的方法调整工件，进行第三次从车头到车尾滚压，直至达到工件要求的直线度为止。每次走刀的长度，视情况而定，以滚压头在工件右端滚不上工件为止。

采用滚压校直，是在对工件滚压过程中完成，不仅不会损伤工件表面，而且还会使工件外圆受到均匀的滚压，不会产生死弯，也易于操作。

5. 反走刀车削细长杆应掌握的技术

车削细长杆的方法有几种，直径稍大（ϕ12 mm 以上）采用正走刀车削，直径小的（ϕ10 mm 以下）采用反走刀车削和反走刀拉直车削。反走刀车削比正走刀车削有许多优点，在走刀力 F_f 的作用下，工件不易弯曲，所以常被采用。

(1) 修整跟刀架。车削多大直径，跟刀架的托爪用相同立铣刀夹在卡盘中把托爪与工件接触的圆弧铣成多大。切忌用托爪的小圆弧车削大于它的工件直径，这样会造成工件在托爪中旋转不稳定，会使工件外圆产生多棱状。

(2) 刀具。采用如图 1-2 所示的 75°反偏刀和图 1-3 所示的硬质合金宽刃反走刀精车刀。

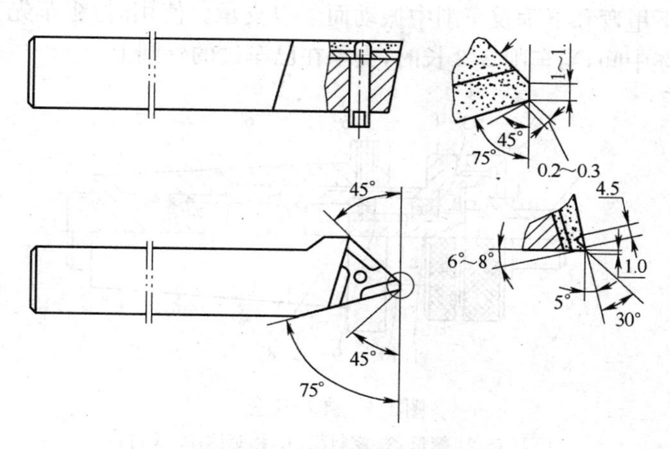

图 1-2　反 75°细长杆粗车刀

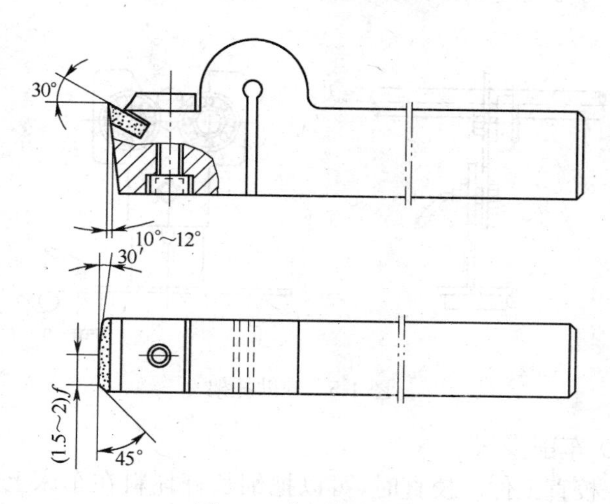

图 1-3　宽刃精车刀

(3) 辅助工具。准备如图 1-4 所示的弹簧托套，它的用途是托起细长杆的右端，并在托套 1 中旋转。当刀具走到托套 1 时，压缩弹簧 7 可以走刀车削完全程。如果没有弹簧托套，可以钻卡头夹住一个内孔为工件直径的套代替。长度稍短一点的细长杆，也可用回转顶尖。如图 1-5 所示的辅助托架，是工件长度较长，为防止工件在高速下甩弯和下垂及车削中振动而予以支承。使用时，粗车先支承在毛坯中间，当车削 2/3 长时，支承在已车过的外圆上。

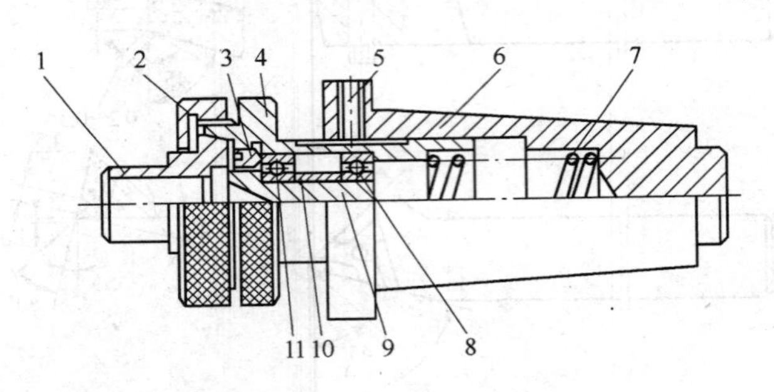

图 1-4　弹簧托套

1. 托套；2. 螺母；3. 密封圈；4. 托套体；5. 螺钉；
6. 顶尖座；7. 弹簧；8. 轴承；9. 反顶尖；10. 套；11. 轴承

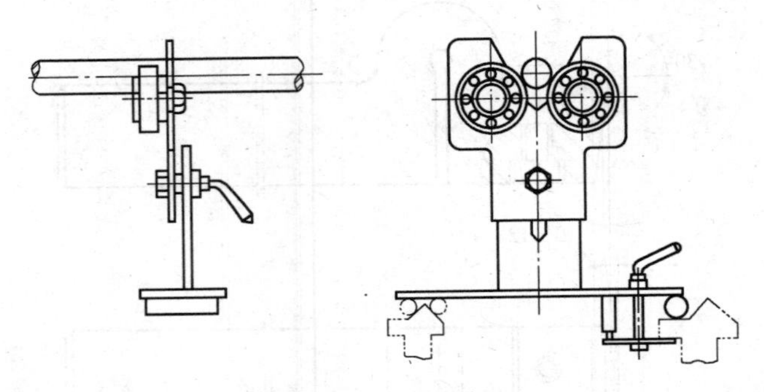

图 1-5　辅助托架

(4) 车削步骤

1) 校直工件。校直时，可以把细长杆坯料在车床上安装好，用 $n=150\sim250$ r/min 开车旋转，找出旋转的高点并作出记号，然后用手拿一个凹心的铁块垫在杆料下面，右手拿手锤打击做出记号的高点，打击的力度与坯料弯曲程度成正比。这样反复几次就可把坯料校直。

2）车削跟刀架所跟的基准外圆。先把辅助托架支承在工件长度 1/2 处，再用 75°反偏刀在靠近卡盘处，粗、精车一段（图 1-6）大于跟刀架托爪宽度 B，直径 d 等于或微小于立铣刀直径的一段外圆。这个外圆是反走刀车细长杆的基础，一定要细心车削，保证其精度。车削时，$v_c=30\sim35$ m/min，$f=0.1\sim0.2$ mm/r，分几次走刀车成。

3）粗车。把跟刀架移至已车好的基准外圆处，用手拧动两托爪的调整手柄，使两托爪的圆弧面与外圆接触，用小托板把车刀刀刃移到托爪右面 1.5～2 mm 处，开车对刀，使刀尖在工件外圆上有轻微的划痕，对刀完毕，即可开始走刀车削。当车刀刀刃快要走到图 1-6 中的 A 面前，利用中拖板手柄再切深 $2a_p=0.04\sim0.08$ mm。再切深的大小，视切削深度的大小成正比。这样可以防止竹节的产生。粗车的切削用量为 $n=500\sim700$ r/min，$f=0.2\sim0.35$ mm/r。随着走刀长度的增长，随时把辅助托架向右移。当走刀快到工件长度 1/2 时，应把辅助托架卸下后再安装在工件左面，并支承在工件外圆上，并随时向右移，直至工件中间，这样就可把工件粗车完。

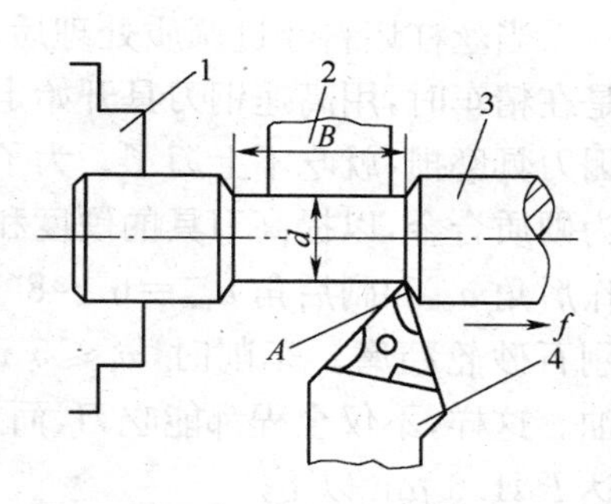

图 1-6　车削基准外圆和进给示意图

1. 卡盘；2. 跟刀架托爪；3. 工件；4. 车刀。

4）半精车。半精车前，把工件卸下，用立铣刀修整跟刀架托爪，安装好工件校直，车基准外圆，跟好跟刀架，对刀车削。其步骤与上述相同，外圆留 0.05～0.08 mm 精车余量。

5）精车。采用图 1-3 所示的宽刃精车刀，为防止啃刀，刀刃应等于或略低于工件旋转中心，修光刃平行于工件轴线，把刀刃移到托爪的左侧。用 $v_c<5$ m/min，$a_p=0.02\sim0.04$ mm，$f=2\sim8$ mm/r。在切削的过程中，使用乳化液冷却润滑并使用辅助托架支承。

(5) 应注意的问题。安装粗车刀时，应略高于工件旋转中心，且副后角 $\alpha_o'=3°\sim4°$不宜过大；粗车和半精车时，v_c 应灵活选择，当工件长径比太大、工件弯曲，v_c 应低一些，以免因离心力大，会增大工件弯曲度和振动。

6. 车削长丝杠时解决刀具耐用度低的方法

当丝杠坯料经过调质处理后，硬度较高，丝杠长度较长，特别是在精车时，用高速钢刀具开始走刀能吃的上刀，当走一段长度后因刀具磨损，就吃不上刀了。为了改变这种情况，就把刀具材料改为硬质合金，以提高刀具的硬度和耐磨性。刀具的前角 $\gamma_o=0°$，工作后角 a_{oe}和副后角 $a_{oe}=6°\sim8°$。为了使刀刃锋利，最好采用金刚石砂轮精磨。车削时，$v_c\leqslant5$ m/min，使用乳化液或极压切削油。这样，不仅全程都能吃刀，而且精车后的牙形表面粗糙度值可达 $Ra1.6$ μm 以下。

7. 丝杠挤压校直

对于直径较大长度较长，经过使用后和车削弯曲的丝杠，可采用挤压小径的方法来校直，不仅方法简单和易于操作，而且不会损伤螺纹，也不易回弹重新变弯曲。

(1) 校直的方法。先把丝杠用双顶尖顶在车床上或放在大型平台上，测出弯曲的位置和方向，然后把弯曲的凹处朝上，凸部朝下并与垫铁接触或在车床上用千斤顶顶起，如图 1-7(a)所示，在凹处的一定长度范围内(约 150～300 mm)，如图 1-7(b)所示的专用扁铲和用手锤打击丝杠的牙底，使丝杠小径的金属产生塑性变形，向轴向微量延伸，而使丝杠变直。在校直的过程中，先校直丝杠两头，再校直中间，这样反复几次，即可把丝杠校直。

(2) 应注意的问题。校直用的专用扁铲尺寸 R，应大于丝杠

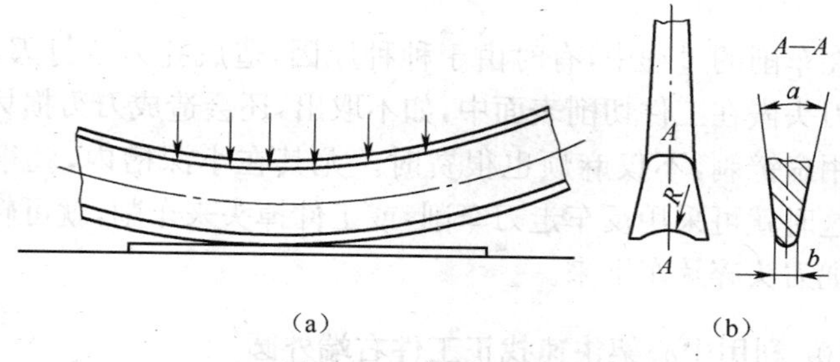

图 1-7　丝杠挤压校直

小径的一半，b 小于牙底宽，α 小于牙形角，与小径接触的 R 截面，应磨成圆弧状；校直完后，应用小锉刀把挤压的牙底锉光滑；手锤打击扁铲的力和长度与丝杠弯曲的大小成正比。

8. 挤压修整中心孔

中心孔是轴类工件加工时常用的工艺基准，以它为定位基准来加工轴类各外表面。在加工过程中，中心孔内表面不仅与顶尖圆锥面接触，而且还作相对运动。因此它的几何形状将直接影响到工件的加工精度和表面质量。所以，在精车、磨削前和热处理后，为了保证加工质量，都必须对中心孔进行修整。

挤压中心孔时，把工件左端用自定心卡盘少夹住一点，在车床尾座锥孔内装上硬质合金顶尖，顶住工件右端，采用 $n=600$ r/min 以上的转速，在中心孔中涂上润滑油，摇动尾座手轮，间断用力对中心孔进行挤压。挤压好一端后，再将工件掉头安装，挤压另一端中心孔。这种挤压方法修整的中心孔，不仅形状正确和光滑，而且表层硬度高耐磨损。

如果工件是淬火后硬度高的中心孔，就需采用铸铁顶尖，涂上金刚砂研磨膏进行研磨进行修整。为了节省铸铁料和研磨磨损后便于更换，可多车几个圆柱带 60°的研磨顶尖，安装在钻卡头中对中心孔研磨，这时就不要用力。

9. 巧妙排除嵌在工件中刀头碎片

在车削的过程中，有时由于种种原因，造成扎刀或打刀，使破碎的刀头嵌在工件切削表面中，如不取出，还会造成刀刃损坏。通常采用扁铲剃，不仅麻烦也很费时。尤其在小深槽内，就很难取出。这时就可采用反车走刀车削，或工件掉头来车削，就可轻而易举的把刀头碎片车下来。

10. 利用中心架快速找正工件右端外圆

在车削较长轴类工件端面或内孔时，需在工件右端架上中心架。在架中心架之前，必须把工件右端外圆校正。一般的校正方法，是用锤子打击旋转的高点，使其外圆的跳动减小，达到和车床主轴的回转中心一致。采用这种方法校正，既费时也费事。

当工件左端用卡盘夹住 10 mm 长以后，只要工件自重和在较低转速下不会掉下来，就可利用右端的中心架内侧托爪，在工件旋转的情况下，慢慢顶住工件外圆，直到工件不跳动为止，再慢慢松开托爪，就可把工件右端外圆校正。再架上中心架的三托爪，就可进行车削。

11. 车削轴类工件止退器

在车床上车削轴类工件时，为了避免工件在切削力作用下，在卡盘中产生滑移和影响工件轴向尺寸精度，或工件脱离顶尖造成事故。为此就制作了如图 1-8 所示的止退器，经使用效果很好。

这种止退器左部为一莫氏锥柄，用于插装在车床主轴锥孔内。在锥柄的右部的螺孔中，装一个螺钉，此螺钉伸出的长短可根据工件夹持的长度任意调整，再用螺母锁紧，以防松动。使用时，把它装入在主轴锥孔内，使工件端面靠紧在螺钉端面上即可。

12. 车削齿条轴的方法

以前在车床上车削齿条轴的齿，是用成形车刀，采用小拖板移

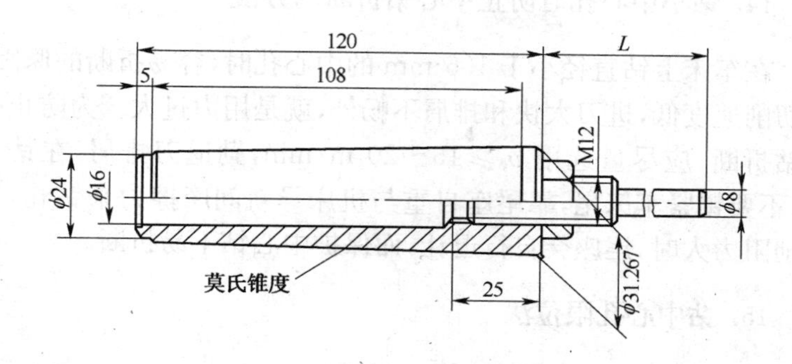

图 1-8　止退器

动一个齿距，车出一个齿。移动小拖板时，根据齿距先计算刀架小刻度盘的格数，因为是小数，造成计算和移动时的麻烦，往往容易出错，而且容易出现齿距的累计误差。

为了克服上述现象，就把小拖板丝杠的螺距改成和齿条齿距一样的丝杠，再配一个丝杠螺母，安装在小拖板中。这样只要小拖板丝杠的刻度盘转一圈，刀具就精确移动一个齿距，保证了齿条齿距精度，消除了累计误差，提高了加工效率。

13. 车削长轴的主轴尾端顶尖

如图 1-9 所示的是装在车床主轴尾端的内顶尖，主要用于车削长于车床工作长度和直径小于主轴孔径的轴，在主轴孔内起定位和支承的作用，以防止工件在离心力的作用下，发生偏摆和甩弯。

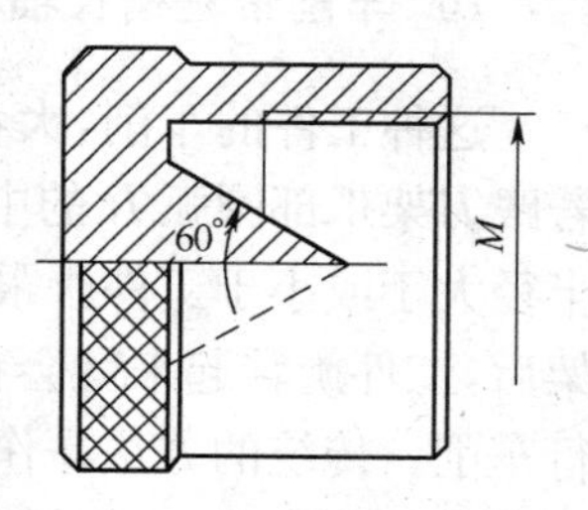

图 1-9　主轴尾端内顶尖

此内顶尖的内螺纹 M 与主轴尾端的外螺纹配作。使用时把内顶尖拧在主轴尾端，细长轴左端的中心孔顶在内顶上，右端顶在尾座顶尖上，中间用四爪单动卡盘按轴的自由弯曲夹住，或用鸡心夹和拨盘传递扭矩，即可使用跟刀架进行车削。

14. 钻小中心孔时防止中心钻折断的方法

在车床上钻直径小于 1.5 mm 的中心孔时，容易折断的原因，除切削速度低，进刀太快和排屑不畅外，就是用力过大。为防止中心钻折断，应尽量选用 $v_c \geqslant 15 \sim 20$ m/min，勤退刀排屑，在钻孔时，不要锁紧车床尾，靠尾座自重与机床导轨间摩擦力来钻孔，当钻削阻力大时，尾座会自行退让，而保护中心钻不易折断。

15. 钻中心孔限位法

钻中心孔时，一般凭目测控制其钻削深度，其尺寸精度的一致性误差大。为了解决钻一批工件中心孔大小一致性，设计制造了如图 1-10 所示的中心孔限位套。

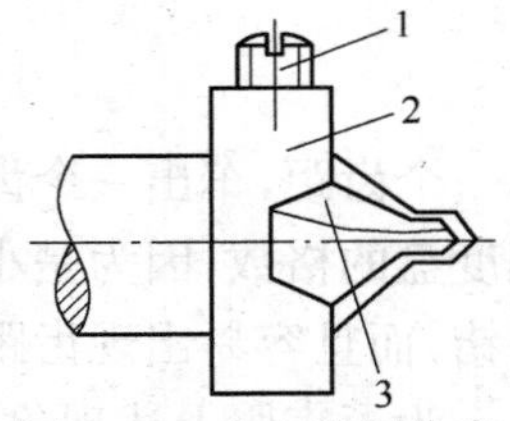

图 1-10　中心孔限位套

1. 紧固螺钉；2. 限位套；3. 中心钻。

为了使钻孔时排屑顺利，在限位套上铣两个对称的排屑槽，安装时与中心孔钻头排屑槽相对应。钻孔前根据中心孔的要求，调整好限位套和中心钻间的相对位置，然后拧紧紧固螺钉，这样就使钻孔的深度得到了控制。

16. 车削带键槽长轴和丝杠时，修整跟刀架的要求

这种工件的车削，大都在修理机床时对光杠和丝杠的修复。若跟刀架爪部圆弧 R 的中心与工件旋转的中心不同轴，圆弧的 R 半径大于或小于工件所跟部位的半径，因为工件有键槽，跟上跟刀架后，工件旋转起来就会在跟刀架中跳动，旋转不平稳，就无法进行车削。传统的方法是作一个内径与工件外径滑配的套，在外圆两端留一个台阶，中间槽宽为跟刀架的托爪宽，并在一侧磨出一个便于吃刀的缺口。使用时把套套在工件外圆上，在套外圆跟上跟刀架，把缺口对着吃刀方向，进行对工件的车削。

为了省去作套的麻烦和有套车削时的碍事，可采用下面方法

修整跟刀架托爪部 R。首先把跟刀架在车床上安装好后，选用同工件直径一样的铰刀，安装在卡盘中，对跟刀架的托爪进行铰削。或在卡盘中夹一根棒料，把棒料外圆车成微比工件外圆大，采用研磨的方法对跟刀架托爪进行研磨，使研磨后的爪面弧长大于工件键槽宽度。再把工件安装在车床上后，跟好跟刀架，即可以进行正常的修复性车削，工件在跟刀架中旋转也平稳。

17. 横截面为多边形的轴架中心架的方法

有时在车削时，遇到横截面为多边形的轴，需要架中心架，车削轴头或内孔。这时可按它的外接圆为套的内径，车削一个长 80 mm 左右、壁厚约 10～15 mm 的套，两端外圆加工 M10 的螺孔。使用时把套套在轴上，并用螺钉固定，就可把中心架架在套外圆上，车削工件轴头和内孔了。其他对圆不圆的工件，如使用中心架也可照此方法。

18. 不用拨盘的前顶尖

在一般情况下，工件用双顶尖定位工件车削时，必须卸下卡盘并在主轴上安装拨盘，十分麻烦。特别是在单件生产、更为突出。为解决此问题，可按如图 1-11 所示，用一段圆棒料 5，在一定的位置上钻攻一个螺孔，在孔中拧上一个螺栓 1，把它夹在卡盘中，车削出 60°顶尖，在工件 4 上装上鸡心夹 2，用尾座顶尖 3 顶好工件后，即可进行对工件的车削。当前顶尖卸下来第二次再用时，只需车一下 60°尖部，保证 60°圆锥面位置精度，即可重新使用，十分方便。

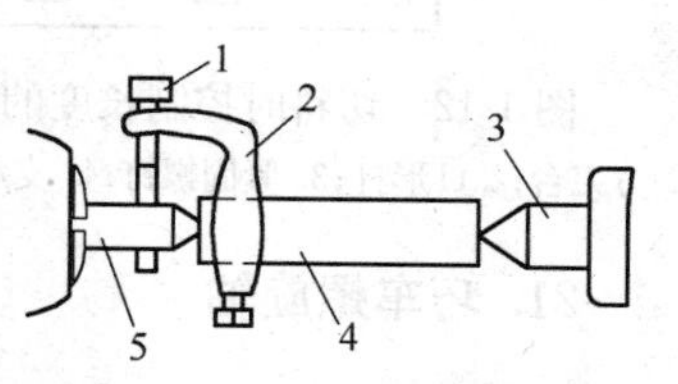

图 1-11　不用拨盘的前顶夹

19. 控制切料长度的装置

在车床上成批切断料时，一般是量一次工件长度后切断一件，十分麻烦，而且也增加了测量的时间。可采用图 1-12 的装置，安装在方刀台右侧或车床尾座套筒上，确定好工件和切刀右侧的长度，在切断料时就可免于测量，而且料的长度一致。

20. 大直径中心架改为支承小直径工件的方法

当不能用大直径中心架支承小直径工件时，可按图 1-13 的方法，车削三个套 1，并在前边安装直径小的轴承，套在中心架三个支臂上，即可支承小直径工件了。

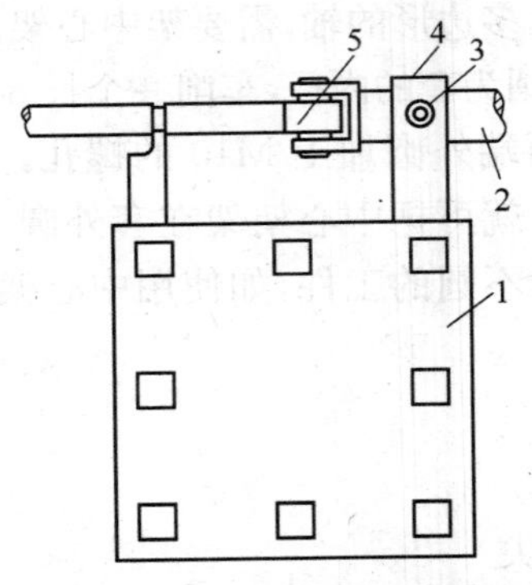

图 1-12 切料时控制长度的装置

1. 方刀台；2. U 形杆；3. 紧固螺钉；4. 支承杆；5. 轴承

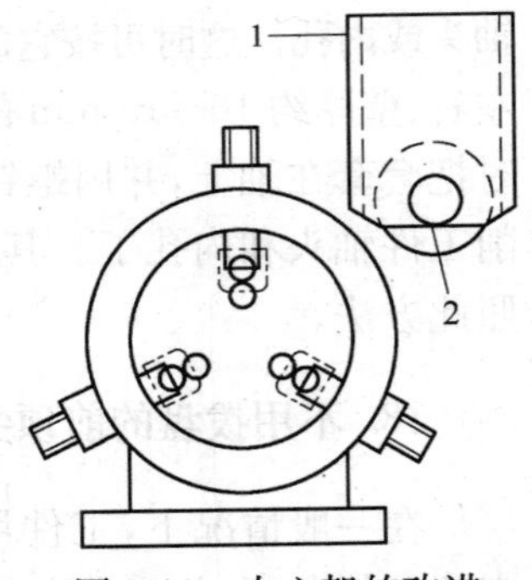

图 1-13 中心架的改进

21. 巧车螺旋轴

螺旋输送机构，在输送粒状材料的企业应用较多。这种螺旋板的齿形较高，底径较小，刚度很差。它的螺旋片是用钢板成形后一块块焊接而成，要求外径 D 与轴颈 d 必须同轴，如图 1-14 所示。要达到这一要求，必须在螺旋片焊好后，在车床上车削外径 D 和轴颈。

此种轴一般都很长，在车削外径 D 时，由于螺距大、齿深、齿薄、刚度差，又是断续车削，受切削力的冲击，产生很大的振动，而且损坏刀具。为此，不得不降低切削用量，使加工效率大幅度降，造成车削极为困难。

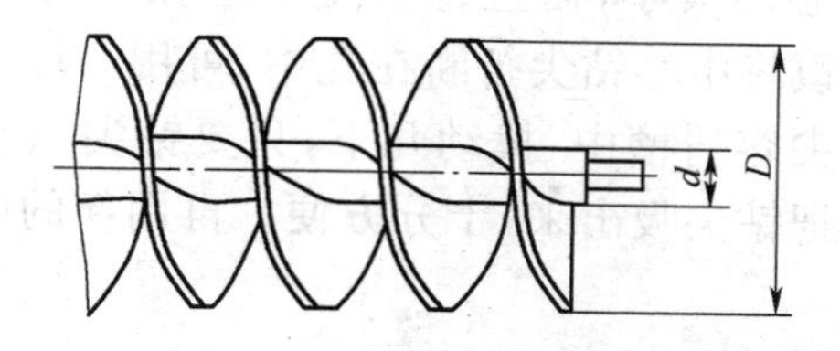

图 1-14　螺旋轴

为了提高车削此种轴的效率，可采用车削螺纹的方法，按螺旋轴的螺距挂好挂轮，利用大丝杠带动大拖板走刀来车削。当第一刀走完后，记住中拖板刻度盘的刻度，大拖板返回后，用小刀架往前移动 0.5～0.7 mm，把中拖板移动原来的刻度值后，开始第二次走刀。这样重复，直至把外圆 D 车好。用此方法车出的螺旋轴，齿顶较平整，基本上消除了间断车削，其效率比以前高 10 倍左右。

22. 用双顶尖车削轴的装夹方法

车削无台阶轴 2，如用双顶尖定位，需用鸡心夹和拨盘来传递力矩使工件旋转，又不能一次走刀车完全程，必须将工件掉头安装接刀车削，而影响工件的加工质量。如采用图 1-15 的装夹方法，就可在一次走刀中车完整个外圆，不会有接刀车削的痕迹。

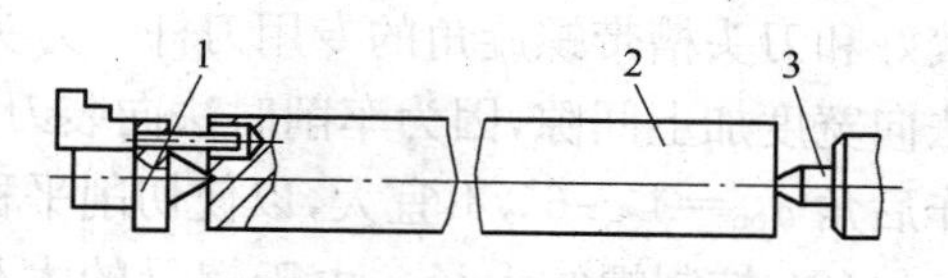

图 1-15　一次走刀车削无台阶轴的装夹

1. 带拨棍的前顶尖；2. 工件；3. 尾座顶尖

23. 巧取折断在中心孔内的中心钻尖

在钻中心孔时，由于车床尾座中心与工件旋转中心不同轴，或用力过大、工件材料塑性高和切屑堵塞等原因，常造成中心钻折断，不易取出，带来麻烦。

以前一般采用刀具来扩大中心孔的外围内径来取出，这样不仅改变了中心的大小，而且也会使中心孔不符合图纸要求。如果中心钻不慎将中心钻尖折断在孔中，可用一段钢丝磨尖，把尖部插入在钻尖容屑槽中，拨动几下，只要钻尖一活动，就用磁铁或磁力表座把钻尖吸出来，十分方便。再用新的中心钻，把中心孔钻好。

第二节　螺纹工件的车削

1. 车削大型多头螺母的经验

这种大型螺母，一般材料为铸铜，螺纹为矩形或梯形螺纹，螺纹大径为 $\phi180\sim\phi240$ mm，长度为 300～700 mm。多为压力机螺杆上的螺母，为多头螺纹，螺距为 32～64 mm，多与螺杆配作。由于螺杆大，不便用来配试，增加了车削的难度。车削此种螺母的经验，包括车螺纹刀头的宽度、螺纹大径的控制和降低牙形表面粗糙度值等方面。

（1）刀头的宽度。由于螺母的螺旋角较大，应制作一个刚度较好和刀头槽带螺旋角的专用刀杆。刀头刀尖宽度应为螺杆牙顶法向宽度加上间隙，因为车削时法向装刀。刀头的前角 $\gamma_o=0°$，工作后角 $\alpha_{oe}=4°\sim6°$，不宜大，以使切削平稳和减小振动。

（2）控制螺纹大径。由于螺母的大径尺寸不便测量，同时受机床、刀杆刚度和在切削力的作用下刀杆的弹性变形的影响，难于控制。为此，先在工件端面车出 2～3 mm 的台阶，其内径为螺杆大径加 0.5 mm，以此来控制每头螺纹的切深。

（3）降低牙形表面粗糙度值的措施。一是增大工艺系统的刚度，采用刚度大的刀杆，把中拖板和小拖板的间隙尽量调小；二是车螺纹的刀头的后角不宜大；三是改变传统的走刀方法，这点在车削梯形螺纹时采用。方法是先精车与走刀方向相反的各头牙形面后，把刀头卸下，把刀头反装在刀杆上（一种是刀头反装，切削朝上，工件反转并反向走刀；另一种是刀头反装，切削刀朝下，工件正转反向走刀），精车螺纹牙形的另一面。用此方法可以大幅度降低牙形面表面粗糙度值。

2. 车削多头螺纹的分头方法

导程小、头数少，采用移动小刀架进行螺纹分头十分方便。这时必须把小刀架移动方向调整到与工件轴线平行，否则将会影响横向吃刀深度而影响螺纹各头轴向齿厚的一致性。

当工件螺距大于车床大丝杠螺距时，可以采用停车后提起开合螺母，移动大拖板一个或几个螺距，再合上开合螺母，用小刀架补上一个工件螺距减去车床大丝杠的一个或几个螺距之差。当工件螺距等于车床大丝杠螺距的整倍数时，可以利用大丝杠分头。

3. 在车床上磨削软橡胶辊螺纹

软橡胶的硬度很低、伸长率极大，弹性模量只有 2.35 N，相当于碳钢的 1/85 000，在外力的作用下，极易变形，用刀具车削极为困难，要在橡胶辊上车削螺纹，就更加困难。

为了解决各种螺纹或螺旋槽的橡胶辊的加工，可在车床刀架上安装一个可调螺旋角的电动磨头或风动磨头，用直径 $\phi 60 \sim \phi 80$ mm、F60～F80 的碟形砂轮来磨削。用金刚石笔或电镀金刚石板，把砂轮工作部位的形状修整成螺纹牙形法向截面形状。磨削时，车床主轴转速 $n=4 \sim 14$ r/min，导程和直径都大时，选用较低的转速。螺纹导程较小，车床铭牌有的，可以直接扳动车床手柄获得。如螺纹导程大，车床上铭牌没有，就可选用车床铭牌相近似的螺距，按 $i=p_{工}/p_{实}$（i—速比；$p_{工}$—工件导程；$p_{实}$—实际导程）计算出 i，查《金属切削手册》中的速比挂轮表，就可得到新的挂轮齿数，作出新的挂轮安装上即可磨削。

当螺纹导程大于 300 mm 时，一般的车床必须降低车床主轴转速，以免因主轴转速高而影响磨削质量，同时也易操作紧张而损坏进刀箱的零件。减速的方法有：改变主、从动皮带轮直径，或在车床主轴箱外增加减速箱。分头的方法，与车多头螺纹一样。一般一次走刀磨好一头螺纹。

先后多次在车床上磨削如图 1-16～图 1-18 所示的软橡胶辊的螺纹和螺旋槽，质量都达到要求，而且还无毛刺。

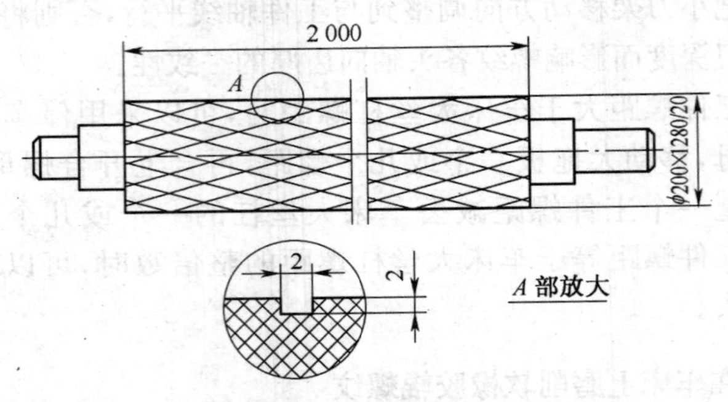

图 1-16　大导程螺旋槽橡胶辊

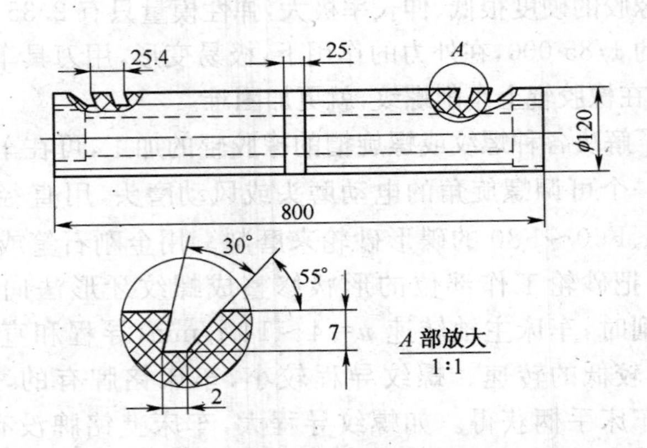

图 1-17　异形螺纹橡辊

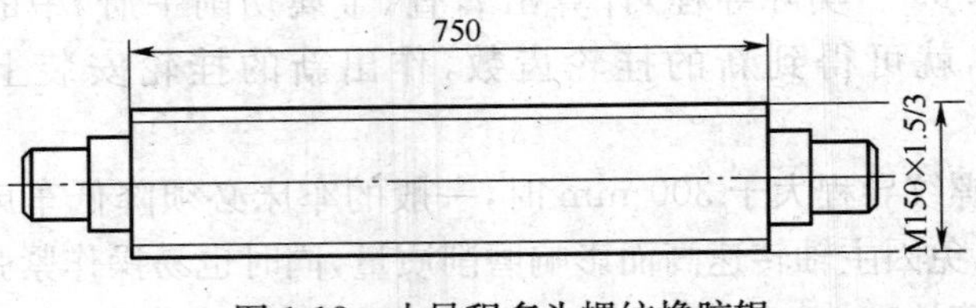

图 1-18　小导程多头螺纹橡胶辊

4. 在车床上铰削长度大的螺纹

在车床上铰削外螺纹，一般将板牙装在专用的工具上，装在车床尾座锥孔内，铰削出长度较短的螺纹，而且每次都得拉动尾座，十分费力。当铰削长度较大的螺杆时，就不能用车床尾座。为此就设计了如图 1-19 所示板牙夹具，将板牙用紧固螺钉 1 固定在板牙套 2 的内孔中，将刀杆 3 安装在方刀台上，并找好板牙套的中心与工件中心一致，再记下中拖板刻度盘的数值。铰螺纹时，先把车床进刀箱的手柄扳至和工件一样的螺距位置上，并使大丝杠转动，然后把板牙套在工件头部，待铰出两三扣后，合上开合螺母，使大拖板和工件一样螺距的进给量向前移动，待铰到工件终点位置时，反车将板牙退出工件。此工具不仅可以铰削长螺杆，而且还可以铰削短螺纹，不用车床尾座，十分方便。

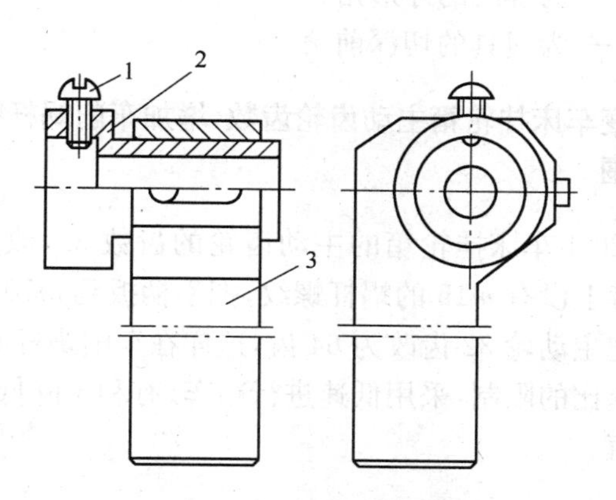

图 1-19　在刀架上铰削螺纹的工具

5. 车削螺纹已至尺寸，通量规不能通过的原因及防治

(1) 车刀安装偏斜。车刀在安装时，主、副偏角不相等，直接影响螺纹牙形角的正确性，虽然牙的深度已至尺寸，但过端量规不能通过。所以，安装螺纹车刀时一定要不得偏斜。

(2) 车出的螺纹有毛刺。这样会造成外螺纹的大径或内螺纹的小径发生变化。因此在测量前应清除毛刺。另外，在车螺纹时，外螺纹的大径或内螺纹的小径应控制在中间公差。

(3) 产生“让刀”现象。在车削内螺纹时，在允许的条件下，刀杆刚度尽可能好一些，可以把刀具前刀面尽量接近刀杆中心位置，以增大刀杆横截面积，而增大刀杆刚度。同时要使刀刃锋利，采用不吃刀多走几次刀，以消除“让刀”现象。

(4) 刀具牙形角(即刀尖角)未修正。在车削塑性材料的螺纹时，一般为了使刀具锋利，大都磨出 $\gamma_P=15°\sim25°$ 的径向(切深)前角。这时应考虑 γ_P 对牙形角的影响，否则会造成通规不过。刃磨刀尖角应按：

$$\varepsilon_M=\alpha\cos\gamma_P$$

式中 ε_M——为螺纹车刀刃磨时的刀尖角；

α——为螺纹的牙形角；

γ_P——为刀具的切深前角。

6. 改变车床挂轮箱主动齿轮齿数，增加车削蜗杆螺纹的导程范围

把 C620-1 车床挂轮箱的主动齿轮的齿数 32，改为 48 齿，则进刀箱铭牌上没有 $m15$ 的蜗杆螺纹，把手柄扳到 $m10$ 上就可车削了。如果把主动轮 32 齿改为 64 齿，这样在车削蜗杆时，就可不受车床主轴速比的限制，采用低速进行精车，有利于降低牙形面的表面粗糙度值。

7. 强力车削蜗杆

强力车削蜗杆，就是在传统车削蜗杆的基础上，用提高切削用量来提高车削蜗杆效率的一种操作方法。可使车削蜗杆的效率在保证质量的基础上提高 10 倍以上。

(1) 弹性刀杆。如图 1-20 所示，它是由刀头，压力螺钉，弹性刀体，弹簧套，开口方套和螺母组成。刀杆采用装配结构，以适用于车削不同螺旋升角的蜗杆。在弹性刀杆中,装有两个开口的弹簧套,可以保证刀杆在车削蜗杆过程中有足够的刚度和弹性,使切削时振动小。方套的右侧开一个通口,当用方刀台的压刀螺钉压紧后,弹性刀杆就固定不动,当松开方刀台压力螺钉,就可以调整车蜗杆的螺旋升角。

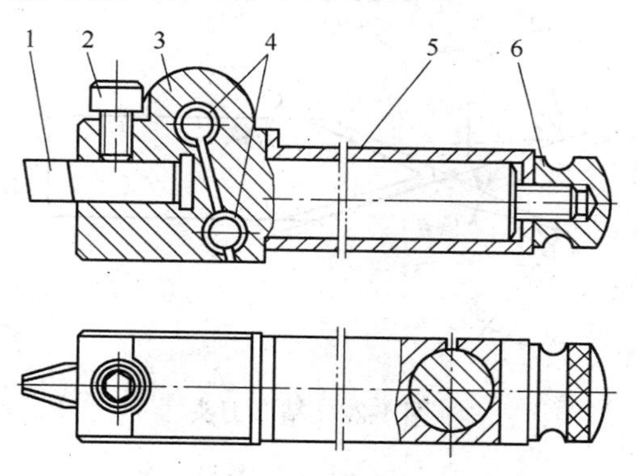

图 1-20 弹性刀杆

1. 刀头;2. 压力螺钉;3. 刀体;4. 弹簧套;5. 开口方套;6. 螺帽

(2) 粗车刀头。它是采用截面为正方形的高速钢刃磨而成,如图 1-21 所示。刀尖的宽度应小于蜗杆牙槽底宽,以便于赶刀车削和留有精车余量。刀头主切削刃磨成双重后角,以提高刀刃强度。

(3) 精车刀头。同样采用高速钢刀条磨成,如图 1-22 所示,切削刃主要刀头两侧。如车削阿基米德蜗杆时,因它在轴向剖面内的齿廓为直线,所以刀刃必须在轴向剖面内,并通过工件旋转中心。因此两侧刃的前角和后角受蜗杆的螺旋升角的影响,在刃磨时大小不同。如车削一个右旋蜗

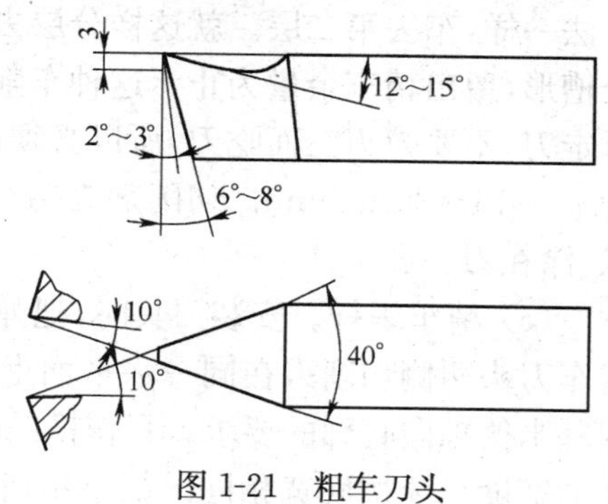

图 1-21 粗车刀头

杆，螺旋升角 γ，前角和后角为 γ_o 和 α_o，在刃磨刀头时：左侧刃 $\gamma_{o左}=\gamma_o-\gamma$，$\alpha_{o左}=\alpha_o+\gamma$；右侧刃 $\gamma_{o右}=\gamma_o+\gamma$，$\alpha_{o右}=\alpha_o-\gamma$。

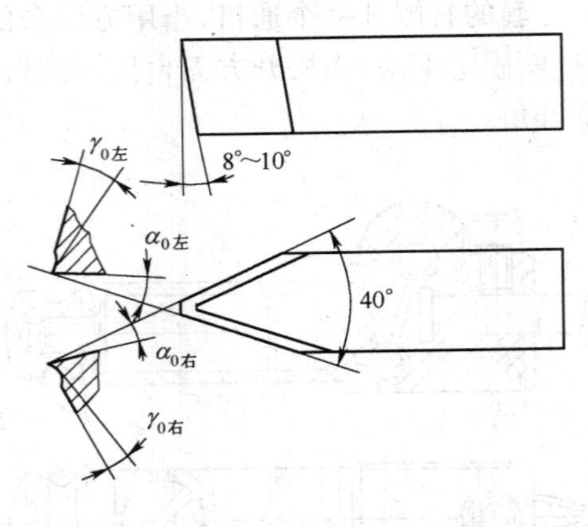

图 1-22　精车刀头

（4）粗车蜗杆。安装刀具时，刀尖要高于工件旋转中心 0.5 mm，弹性刀杆要旋转一个与蜗杆螺旋升角相同的角度，以保证刀头两侧刃有相同的前角和后角，然后用压力螺钉压紧方套。走刀切削时，第一次走刀切深约 1.5 mm；第二走刀前再切深 1.5 mm，并向前赶刀 0.5 mm，进行第二次走刀；第三次进刀方法与第二次相同。第四次以后走刀，只往前赶刀，就不再切深了，直到蜗杆牙形槽留出精车余量。这时再往回赶刀，和第一层的车削方法一样，车去第二层。就这样分层去除多余的余量，直到切除整个槽形，留出精车余量为止。这种车削方法，叫分层切削法。粗车时走刀，不要刀刃三面吃刀，所以必须进行赶刀。粗车的切削速度为 $v_c=16\sim20$ m/min。切削剂为铅油或红丹粉与机械油调成糊状，涂在刀头和工件上。

（5）精车蜗杆。安装刀具时，把弹性刀杆转回到水平位置，使精车刀头两侧切削刃在同一水平面上，以保证车削出的蜗杆符合阿基米德轴向直廓的要求。只作横向吃刀，直至车到牙底，因为刀头的宽度与牙槽底宽相同。如果用齿厚卡尺测量齿厚还厚，也可以赶刀，最好往走刀方向的那侧赶刀。精车时 $v_c \leqslant 5$ m/min，切削液为 CC14 20%＋30 号机械油 80%。

8. 车削梯形螺纹刀尖宽度口诀

车削螺距为 2～8 mm 的梯形螺时，记下下面两句口诀，就不必计算或查表就可知道刀尖的宽度。

“三一、二六、四三三 ，六二、八倍、五一调。”

“三一”是指螺距为 3 mm，刀尖宽度为 1 mm（查表为 0.964 mm）；“二六”是指螺距为 2 mm，刀尖宽度为 0.6 mm（查表为 0.598 mm）；“四三三”是指螺距为 4 mm，刀尖宽度为 1.33 mm；“六二”是指螺距为 6 mm，刀尖宽度为 2 mm（查表为 1.928 mm）；“八倍”是指螺距为 8 mm，刀尖宽度是 4 mm 的一倍；“五一调”是指螺距为 5 mm，刀尖宽度为 1.5 mm。

9. 车削平面螺纹

在圆盘端面上的螺纹，称为平面螺纹。车刀相对于工件的运动轨迹，是一条阿基米德螺线，它与圆柱螺纹不同。

用普通车床车削平面螺纹，一般是采用光杠传动，使车床中拖板丝杠转动，驱动车床中拖横向移动走刀来车削。这就要求工件每转一转，中拖板横向移动工件上一个螺距。

当工件螺距要求不严格时，可用工件平面螺纹的螺距，除以车床增大螺距的倍数（如 C620-1 车床可增大 2 倍、8 倍、32 倍），用所得的商，选择车床进刀箱铭牌相近似的横向进给量，并扳好进刀箱手柄，再把主轴箱上增大螺距手柄扳到位，并把主轴箱的变速手柄扳到相应位置上，安装好刀具，就可采用小刀架进退刀，扳挂上进刀手柄，即可采用正、反车车平面螺纹了。

在工件螺距要求严格时，就必须配换挂轮箱的挂轮。在计算挂轮齿数前，按上述方法，选一个近似的横向进给量，并扳好各手柄，开车进行横走刀。然后用车床主轴的整转数（一般在 5 转以上）去除中拖板所移动的距离，所得的商就是实际的螺距。一般的情况下，此数不是整数也不会与工件螺距相等，必须计算新的挂轮。其公式为：

$$i=\frac{P_{工}}{P_{实}}=\frac{Z_1\times Z_3}{Z_2\times Z_4}$$

式中 i——传动比或传动速比；

$P_{工}$——工件螺距(mm)；

$P_{实}$——实测螺距(mm)；

Z_1、Z_3——主动轮齿数；

Z_2、Z_4——被动轮齿数。

用上面公式计算的结果，查上海科学技术出版社出版的《金属切削手册》或机械工业出版社出版的《机械工人切削手册》中的速比挂轮表，即可得到所需挂轮的齿数。

车削时，最好采用弹性刀杆，刀头的几何参数与车圆柱螺纹相同，只不过刀头车内圆的一侧的副后角必须磨出双重后角，以防在车削中下部分碍事。采用正车走刀和反车返回。吃刀和退刀的方法有两种：一种是用车床小刀架吃刀与退刀，用小刀架刻度记数；另一种是在大拖板前面的大导轨上安装磁力表架和百分表，用以控制大拖板的纵向位置和吃刀量，用大拖板吃刀与退刀。

在车削平面螺纹的过程中，除矩形螺纹外，车削其他牙形的螺纹，也需要像车削圆柱螺纹那样进行“赶刀”，来精车牙形面的两侧。其“赶刀”的方法也有两种：一种是采用大拖板吃刀与退刀前，将小刀架逆时针旋转 90°并固定，“赶刀”时摇动小刀架手柄即可；另一种是采用大拖板和小拖板吃刀与退刀，要“赶刀”时，把刀头处于工件之外，在走刀中将主轴停下，但必须无反转，将脱落蜗杆手柄落下，把中拖板的手柄旋转“赶刀”的数值后，再提上脱落蜗杆手柄即可。用此方法“赶刀”，必须消除传动链的间隙，就是需要往哪个方向“赶刀”，中拖板必须往同一方向走刀。“赶刀”后，再使刀头逐步切入工件进行车削。

10. 软橡胶螺纹的车削

要在一根直径 ϕ300 mm，长度为 2 200 mm 的橡胶辊外圆上车削螺距为 1.5 mm，深度为 1 mm 的螺纹。开始用大径向前角 γ_p 的刀具车削，出现有撕裂现象，效果不太好。为此就采用如图 1-23 所示的双向大前角螺纹车刀。

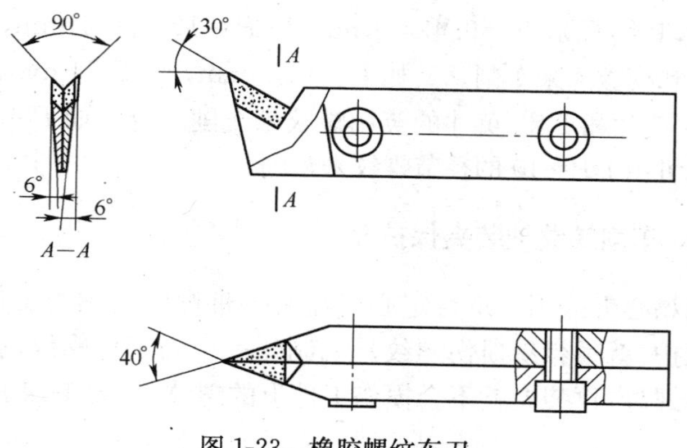

图 1-23　橡胶螺纹车刀

为了便于刃磨两侧刃 45°的前角，刀具由两体组合而成。刀头材料为 YG8 硬质合金，其几何参数如图 1-23 所示。刃磨时，先把 45°前刀面磨好，然后将两体用螺钉组装在一起，再刃磨刀尖角和两侧副后角。车削时，工件转速 $n=40$ r/min，一次走刀车成。

11. 车床铭牌以外螺距螺纹的车削

在许多机械传动中，多头蜗杆、多头螺杆、多头螺旋花键、变导程蜗杆、双导程变齿厚蜗杆和斜齿轮啮合蜗杆等的螺距或导程，在车床进刀箱铭牌上查不到，给车削带来一定的困难。现在介绍一种方法，可以车削在车床铭牌上找不到要车的螺距，省去作挂轮的麻烦。

例如，进口铣床上与斜齿轮啮合的蜗杆，法向模数为 3.175，圆周模数为 3.184，在车床进刀箱铭牌上找不到 3.184 模数。这时就把模数换算成米制螺距，即 3.184×3.141 6＝10.003 mm，这时就可按螺距 10 mm 加工。

在设备大修和维修中，大都用米制来测量螺纹的螺距，这样会出现非标准的螺距。实际上螺纹分普通、英寸、模数、径节和非标准螺纹，它们的螺距可以相互转换。如 9.424 8 mm、12.566 4 mm、12.7 mm、25.4 mm 和 7.975 6 mm，均可以按其他种类螺纹来处理，其结果是 P=9.424 8 mm 和 P=12.566 4 mm，分别按模数 3 和模数 4 来车削。又如 P=12.7 mm，P=25.4 mm，可分别按 2 牙/英寸和 1 牙/英寸的英制螺纹来车削。再又如 P=7.975 6 mm，则可用 DP=10 的径节螺纹来车削。

12. 车削螺纹轴装夹保护套

用鸡心夹或用三爪自定心卡盘装夹带螺纹的轴类工件时，如不加保护，就很容易损伤螺纹。如制作一个与工件螺纹的相同圆柱开口螺母，再装夹就不会损伤工件上的螺纹，如图 1-24 所示。

13. 大直径丝锥在车床上攻丝的装夹方法

用较直径丝锥在车床上攻螺纹时，由于车床尾座夹头夹持力不够，常产生打滑的现象。这时可按图 1-25 在方刀台 3 上用垫片 5 调整丝锥夹持的高度，两块方铁 4 夹在方刀架 3 上，中间留一个装夹丝锥柄部的方口，并留很小的间隙，以避免将丝锥卡死。

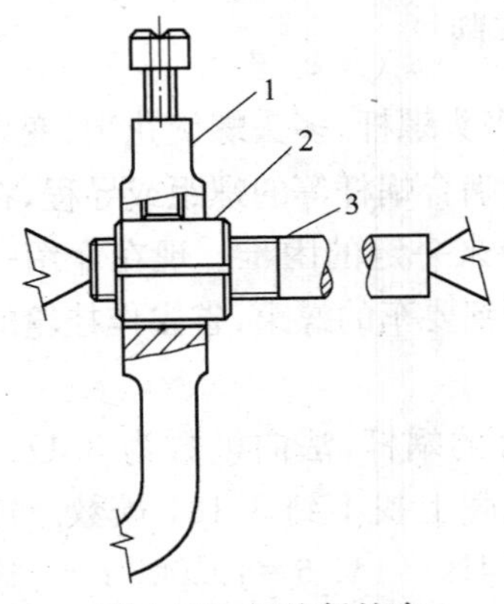

图 1-24 螺纹保护套

1. 鸡心夹；2. 开口螺母；3. 工件

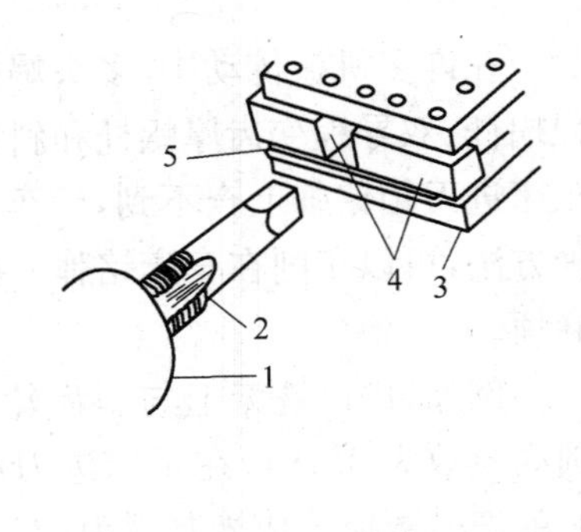

图 1-25 大丝锥攻螺纹的装夹方法

攻丝时，将丝锥 2 的柄部插入在方孔中，对正工件 1 的螺纹底孔，采用机动攻丝，十分方便，没有丝锥折断的问题。

14. 在车床上导向攻螺纹的方法

在装夹丝锥的钻夹头柄部 5 上钻一个孔 2，在车床尾座上钻夹头 3 中夹持一根直径与孔 2 滑配的 4，对装夹在车床卡盘上的工件用扳手 1 攻丝，可以保证螺纹对工件端面的垂直度，如图 1-26 所示。

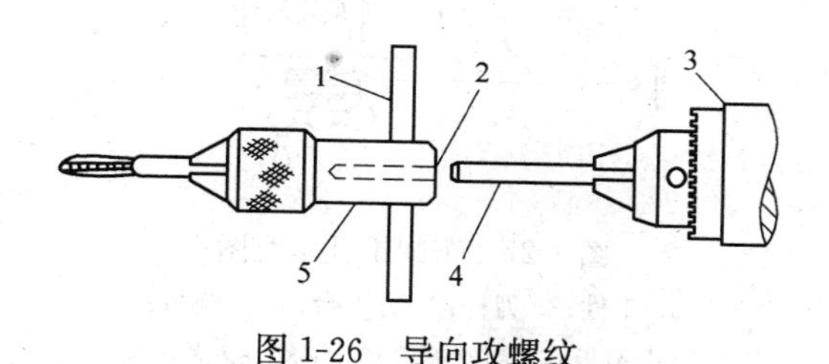

图 1-26　导向攻螺纹

15. 巧算英制内螺纹小径

车削和攻制英制内螺纹时，其小径尺寸需要查手册中的表，十分麻烦。现推荐用下面的简化公式，十分方便。

$$D_1 = 25.4D - \frac{32.523}{n}$$

式中　D_1——内螺纹小径(mm)；

D——内螺纹公称尺寸(in)；

n——每英寸螺纹牙数。

在算出英制螺纹小径(底孔直径)D_1 后，再加上下偏差 $B_x = 3.75/n \sim 3.8/n$(n 同上式中)即可。

第三节　圆锥工件的车削

1. 利用钢丝带动中拖板移动车锥孔

在车削长度较长直径又比较大的锥孔时，在无靠模装置和小刀架行程长度不够的情况下，可用如图 1-27 所示的利用钢丝和滚筒带动中拖板丝杠旋动，使中拖板匀速移动来车削锥孔。

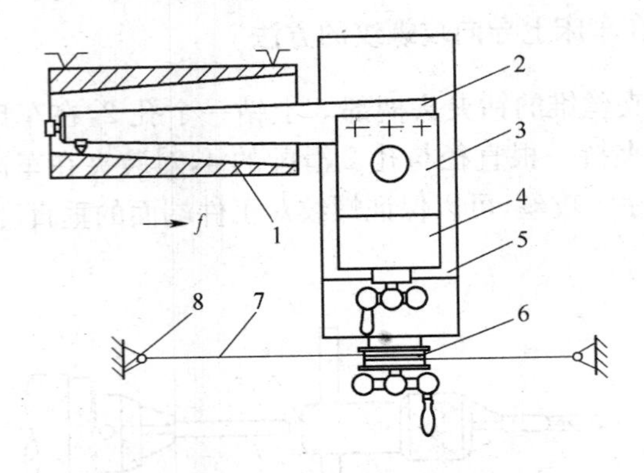

图 1-27　车削锥孔示意图

1. 工件；2. 刀杆；3. 方刀台；4. 小拖板；5. 中拖板；6. 钢丝滚筒；7. 钢丝；8. 固定架

（1）计算钢丝滚筒直径。已知钢丝直径 d，中拖板丝杠螺距 P，工件锥孔的斜角 α，求钢丝滚筒直径 D。

$$D=\frac{P}{\pi \cdot \tan \alpha}-d$$

例：已知钢丝直径 $d=1.5$ mm，中拖板丝杠螺距 $P=5$ mm，工件锥孔斜角 $\alpha=1°30'$，求钢丝滚筒直径 D。代入上式：

$$D=\frac{P}{\pi \cdot \tan \alpha}-d=\frac{5}{3.1416\times 0.02619}-1.5=60.768 \text{ mm}$$

（2）安装钢丝滚筒。作好钢丝滚筒后，在内孔插好键槽，把中拖板刻度盘卸下，将钢丝滚筒安装在此处。

（3）车削锥孔。车削前，先把锥孔粗车成小端直径。再把中拖板和大拖板移到锥孔小端车削的位置，把钢丝在滚筒上绕一圈后，用固定架把钢丝两端拉紧，采用小拖板吃刀，从锥孔小端向大端走刀，以克服中拖板丝杠和螺母的间隙。当第一次走刀完后，刀具还要返回到锥孔小端的开始走刀位置，再拉紧钢丝两端，用小拖板吃刀，开始第二次走刀。就这样直至把锥孔车至要求。用这种方法，只要钢丝直径和滚筒直径测量准确，不仅孔的锥度好，锥面表面粗糙度值可达 $Ra3.2 \sim 1.6\mu m$。

2. 简易控制锥孔尺寸的方法

在车锥孔(体)时，一般采用锥度塞(环)规来测量尺寸，用量规测试一次，计算一次吃刀深度，以达到圆锥尺寸合格。如在成批生产时，如采用这种方法，操作十分麻烦，同时也增加大量的辅助时间。

在成批加工时，为了达到锥孔(体)尺寸一致，并减少测试的辅助时间。当第一件车好后，就把车床大拖板定好位，工件在夹具中的轴向也定好位，并记下中拖板的刻度盘数值，以后用小刀架车每一件均达到车第一件的位置时，锥孔(体)的径向尺寸就基本一致。

3. 在车床上镗削大长锥孔的方法

要在车床上加工直径较大(ϕ300 mm 以上)、长度较长(大于1 000 mm)的内锥孔时，如采用一般车削的方法，无法加工。为此就设计制造了如图 1-28 所示的工装，多次成功在车床上加工出不同规格的大型内锥孔。

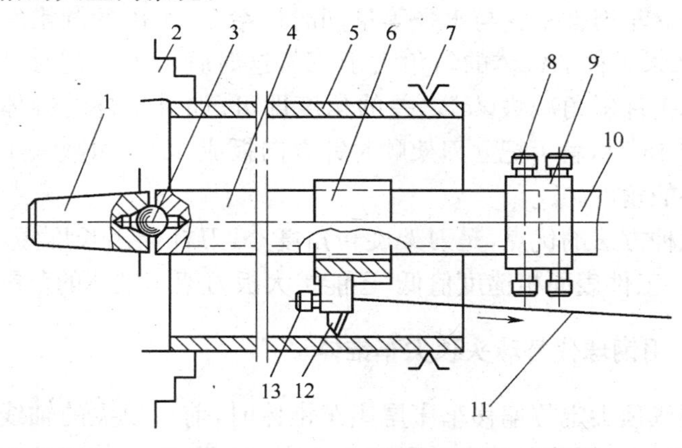

图 1-28　镗锥孔工装

1. 主轴反顶尖；2. 卡盘爪；3. 钢球；4. 刀杆；5. 工件；6. 刀盘；7. 中心架；8. 紧固螺钉；9. 连接套；10. 尾座；11. 铁丝；12. 刀头；13. 压刀螺钉。

在车削前，必须把车床尾座吊放在大拖板的左面，以利于大拖板在尾座右面拉动铁丝带动刀盘移动(走刀)，进给量的大小，可调整进刀箱手柄获得。加工锥孔时，可偏移尾座，使刀杆的轴线与工件轴线偏移一个锥孔斜角。

加工时，用卡盘夹住工件左端，工件右端用中心架支承。在车床主轴锥孔内装一个反顶尖，将刀杆的左端用钢球定位，刀杆的右端用连接套和紧固螺钉把刀杆固定在尾座套上，使其在工件转动时，刀杆不转动。刀盘装在刀杆上，由于有键的作用，只能作轴向滑动。铁丝一端固定在刀盘上，另一端固定在车床大拖板小刀架上。当大拖板进行纵向反走刀时，铁丝拉动刀盘作轴向移动，完成进给运动进行切削。刀盘需返回时，用手拿木棒推刀盘即可，同时大拖板也应先返回。

4. 在立车上采用垂直和水平等量进给车圆锥

一般在立车上车圆锥，是采用宽刃刀、靠模、赶刀和旋转刀架等方法。其中有的方法操作起麻烦，也可采用下面的双等量进给方法车圆锥。

当立车刀架垂直与水平等量同时进给时，车出的圆锥斜角为45°。如果工件的锥体的斜角大于45°，这时就可刀架逆时针方向扳实际工件斜角减去45°之差的角度即可；如果工件的锥体的斜角小于45°时，就可把立刀架顺时针方向扳成45°斜角减去工件斜角之差的角度。

此种方法的优点，是刀架旋转角度小，刀杆伸出长度短，刀杆刚度好，工件表面粗糙度值低，还能扩大扳刀架车锥体的范围。

5. 用钢球代替球头顶尖车锥体

用双顶尖定位偏移车床尾座车锥体时，前后顶尖的轴线不在一条直线上，因此工件中心和顶尖60°接触不吻合，使工件中心孔的磨损不均匀，在切削的过程中改变了原中心孔的形状。为改善这种情况，应采用球头顶尖。但球头顶尖制造困难，就采用如图

1-29 所示的钢球代替球头顶尖。它是在前后顶尖头部钻一个中心孔，用黄油把钢球粘在中心孔中，用它顶好工件两端，即可对工件锥体进行车削。

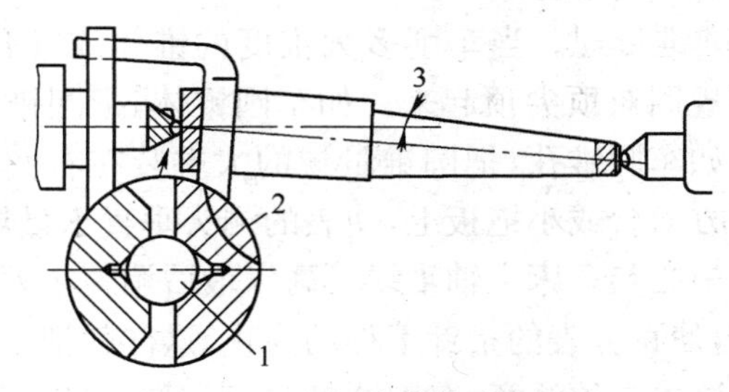

图 1-29　用钢球代替球头顶尖

1. 钢球；2. 工件；3. 圆锥斜角

6. 巧妙装夹车削长锥销

车削一端有内螺纹的长锥销时，可按如图 1-30 所示的装夹方法，偏移车床尾座来车削，不仅操作方便，加工质量也好。

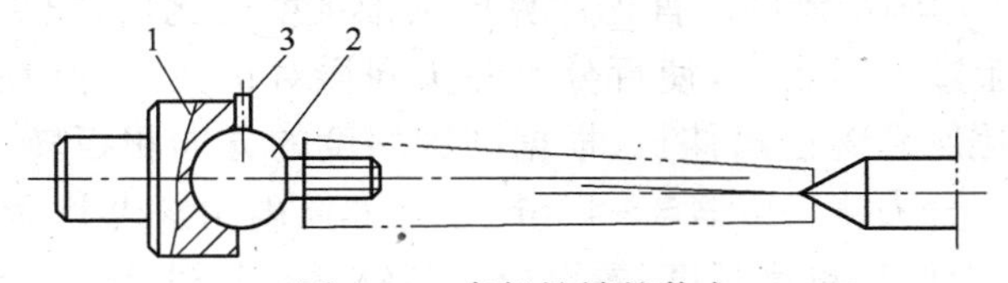

图 1-30　车长锥销的装夹

它是由反顶 1(可以是内球面，也可以是中心孔)、球头螺钉 2 和圆柱销 3 组成。反顶尖端面铣一个缺口，当球头螺钉上圆柱销咬合，传递扭矩。

车削锥销时，把球头螺钉拧入锥销坯螺孔中，左端放入反顶尖中，右端顶在尾座顶尖上，按锥销的锥度偏移好尾座，即可自动走刀进行车削。

7. 准确找正小刀架车圆锥的方法

一般在车床上用刀架车圆锥，都是用锥度量规来涂色检测。

车一次检测一次，直到把小刀架的转角找精确，十分费事费时。特别是与大型工件相配时，更为困难。这里介绍几种准确找正小刀架车圆锥的方法，供选用。

（1）用圆锥量规。当车削多大锥度的锥体或锥孔时，先把相同的圆锥塞规用双顶尖顶起来。如车圆锥体，把圆锥量规的大端装在左面。如车圆锥孔，把圆锥量规的大端装在右面。然后把百分表安装在方刀台或小拖板上，使表的测头垂直于量规的侧素线，并使表头的中心与车床主轴轴线等高。最后调整小刀架的转角并移动小拖板，使百分表的指针不移动为止，这样就把小刀架的转角找正了。在这里必须注意，车削圆锥时，车刀的刀尖高度必须与工件的旋转中心等高。否则会造成车出的锥度不准确，而使圆锥素线呈双曲线。

（2）用工件圆锥。此方法与上述方法操作相同，只不过是把圆锥量规换成了加工好圆锥工件了，来找正好小刀架车削相配合的圆锥孔或体。

（3）用圆锥锥度。首先计算出圆锥锥度的比值，把百分表安装刀架上或方刀台上，使百分表测头同样对正在工件中心高度。将车床尾座套筒摇出伸长，根据圆锥斜度的方向粗扳转小刀架。然后把百分表测头压缩 3～4 mm 触在套筒内测素线上，移动小拖板 2～3 个圆锥锥度长度，看百分表指针是否转过 2～3 个锥度比值分子的 1/2。如未达到，继续微调小刀架的转角，直到达到为止。做到被测长度越长越好，测量误差越小越好。

以上几种方法，同样也适用带有靠模板的车床，来调整靠模板的角度。

8. 车削细长圆锥杆

如图 1-31 所示的带长圆锥的细长杆，其车削难度包括两方面，一是高速车削细长杆，二是如何用跟刀架车圆锥。车细长杆的方法在本章第一节第 5 条已详述，这里只介绍如何用跟刀架和宽刃精车刀（图 1-3）车削细长圆锥。

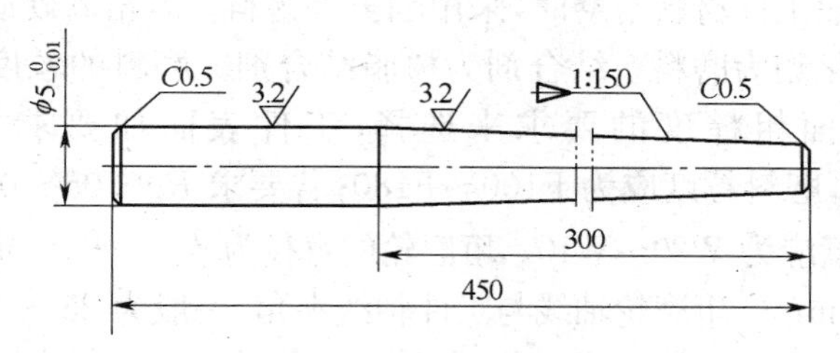

图 1-31　细长圆锥杆

车完细长杆后，还是把跟刀架跟在 ϕ5 mm 外圆上，宽刃精车刀移至跟刀架托爪的左面，还是采用反向进给车削，从圆锥的大端处开始对刀和进给。因为圆锥的锥度为 1∶150，所以大拖板的进给长为 25 mm 时，中拖板的切削深度为 a_P＝0.083 3 mm，因此大拖板每进给 25 mm，中拖板再吃刀 0.083 3 mm，大拖板进给长 50 mm时，中拖应吃刀 0.166 mm。当大拖板进给到终点（300 mm）时，总的切削深度为 a_P＝1 mm。这样把圆锥车削好后，再用细平锉把圆锥外圆锉光和用砂布抛光。此种车削方法不仅可车削上图类圆锥，也可车削较大细长轴长圆锥。

第四节　套类工件的车削

1. 内孔单轮珩磨

在车床上采用单轮珩磨，可以有效地代替磨削来降低轴套、轴承孔、油缸等工件内孔的表面粗糙度值，可以从精车后 *Ra*6.3～3.2 μm，很快降低为 *Ra*0.8～0.4 μm。它的工作原理是用细粒度珩磨轮，对工件进行低速磨削。单轮内孔珩磨工具，如图 1-32 所示。

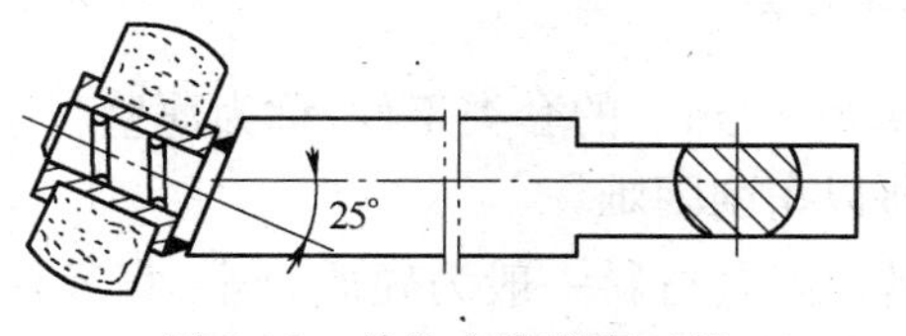

图 1-32　单轮内孔珩磨工具

一般工件材料珩磨时，采用刚玉类磨料。若珩磨硬质合金，应选用碳化硼为磨料。结合剂为树脂结合剂。磨料的粒度，应根据工件表面粗糙度的要求来选择，工件表面如要求 $Ra0.8 \sim 0.4\ \mu m$，磨料粒度应为 F100～F180；若要求 $Ra0.05 \sim 0.012\ \mu m$，磨料粒度应为 W20～W10。珩磨轮的直径为 $\phi 50 \sim \phi 80$ mm，宽度为 25～35 mm。珩磨轮轴线与工件轴线夹角，一般为 25°～35°。珩磨轮的旋转是工件旋转带动被动旋转，当工件接触的压力为 100～200 N。珩磨液为 90%煤油+10%的 10 号机械油，也可用浇注大量的乳化液代替，以冲走工件和珩磨轮上的磨屑和磨粒。

内孔珩磨时，留 0.03～0.05 mm 珩磨余量。工件速度 v_c = 50～80 m/min，f = 0.3～1 mm/r。

珩磨轮的制作方法。先制作珩磨轮中的轴铜套，再车一个浇注珩磨轮的模套，其内孔大小和深度与珩磨轮外径和宽度相同，并在内端面车一个铜套定位台阶。珩磨轮由磨料 70%，环氧树脂 20%，乙二胺 7%，邻苯二甲酸二丁酯 3%的重量比组成。为了便于脱膜，在浇注前应在模腔内壁上涂上硅油。如要使珩磨轮组织疏松和产生气孔，提高磨削能力，可加少量酒精。浇注前，首先把环氧树脂加热到 70℃～80℃，磨料粉加热到 60℃，把这两种材料混合后，再加入邻苯二甲酸二丁酯和乙二胺，搅拌均匀，再加热到 70℃～80℃，并迅速搅拌约 3 min 后，即可浇注入模。浇注后放在 100℃～120℃恒温炉中使其固化，经 20～30 min 后即可出模，然后在常温下冷却，经修整后(用钢套内孔定位，用 PCD 刀具车外圆和端面)就可使用。如无恒温炉，也可在常温下固化，只不过时间长一些。

2. 车削薄壁套

壁厚在 0.2～1 mm 的套类工件，称为薄壁套。由于它的刚度差、易变形，所以车削困难。

(1) 刀具。刀具材料一般为硬质合金，直径在 $\phi 20$ mm 以下时，可用高速钢。刀具几何参数的选择原则是，尽量使刀具锋利，减小切削力和切削变形及降低切削温度。外圆粗车刀和内圆粗车刀，可采用一般的刀具即可。外圆精车刀，$\gamma_o=40°\sim50°$，$\alpha_o=4°\sim6°$，$\alpha'_o=6°\sim10°$，$\kappa_r=90°\sim93°$，$\kappa'_r=20°$，$\lambda_s=3°\sim5°$；内孔精车刀，$\gamma_o=45°\sim55°$，$\alpha_o=12°\sim14°$，$\alpha'_o=6°\sim8°$，$\kappa'_r=60°\sim75°$，$\kappa'_r=30°$，$\lambda_s=-60°\sim-50°$。

(2) 切削用量。粗车内、外圆时，采用一般切削用量。用硬质合金刀具精车时，$v_c=80\sim100$ m/min，$a_p=0.1\sim0.3$ mm，$f=0.05\sim0.1$ mm/r。

(3) 注意的问题。留精车余量为 $2a_p=0.5\sim1$ mm；车薄壁套应在一次装夹下完成，毛坯料应有足够的装夹量；切断时，应采 $\kappa_r\leqslant75°$时切断了，以避免切断时工件变形和带毛刺；车削时可能产生振动，车内孔时，外圆套上胶皮圈，车内孔时，内孔可塞上泡沫塑料或棉丝。

3. 在车床上用的内孔抛光装置

为了将长度 5 000～6 000 mm，直径为 $\phi230\sim\phi300$ mm的无缝钢管的内孔从 $Ra12.5$ μm 抛光至 $Ra1.6$ μm。由于是毛坯孔，圆度为 1.5 mm 左右，又不能采用珩磨，就采用如图 1-33 所示的工装，利用砂布页轮，很快在车床上抛光达到要求。

支承套 1 和支承套 2 是采用长度为 1 700 mm 的无缝钢管焊接法兰盘后加工而成。采用两截的原因是便于在内孔安装轴承，以支承传动轴 1 和 2，防止它们的总长 3 400 多 mm 在高速下甩弯。传动轴 1 和 2 也是无缝钢管焊接轴头加工而成，这样既减轻重量，又不易在高速下弯曲。传动轴与传动轴和电机的连接，是用两个单键套。电机的功率为 1.5 kW，转速为 $n=940$ r/min，这样砂布页轮的速度 $v_c=9.8$ m/s。砂布页轮的粒度为 F36～F46。此套工装由支架支承，安装在 C650 型车床方刀台上，并可以调整它的伸出的长度。把工安装在车床上，接上电源即可进行抛光。

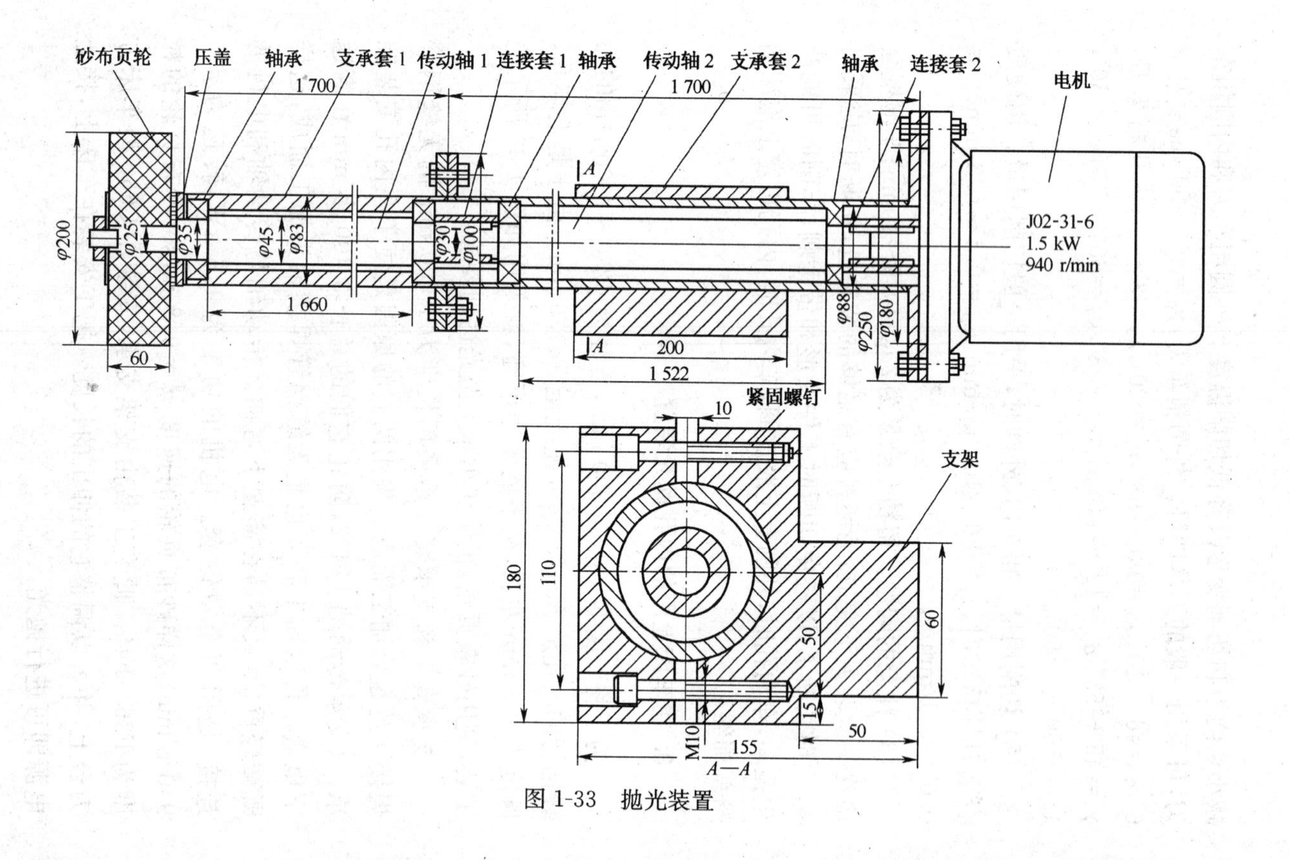
砂布页轮
压盖
轴承
支承套 1
传动轴 1
连接套 1
轴承
传动轴 2
支承套 2
轴承
连接套 2
电机
1 700
1 700
φ200
φ25
φ35
φ45
φ83
φ30
φ100
J02-31-6
1.5 kW
940 r/min
1 660
φ88
φ250
φ180
60
200
1 522
紧固螺钉
10
支架
180
110
50
60
15
50
M10
155
A—A

图 1-33　抛光装置

抛光时，工件左端夹在卡盘中，右端外圆不圆装上过渡套架在中心架上。工件转速 $n=10\sim20$ r/min，进给量 $f=0.5\sim1$ mm/r。移动中拖板使页轮压向工件内孔表面，进行正、反走刀抛光内孔。抛光装置的臂长只大于工件长度的1/2，所以当抛一半长度后，再将工件掉头安装，抛光另一半长内孔。

此工装伸出的臂长大于3 000 mm，由于有支承套支承，旋转页轮时基本无振动。由于页轮是软的，工作时十分平稳。达到内孔 $Ra1.6$ μm 要求，只需10多小时就完成，操作安全、方便。

4. 台阶深孔的车削方法

长径比大于5的孔为深孔。由于悬臂刀杆刚度差、车削时振动，不能大切深，加工效率很低，已加工表面振纹大，成了一大车削难题。为此就采用了如图1-34所示的车削方法，一次走刀就车好工件中间的台阶深孔，效果很好，车削了几百件，质量符合图纸 $Ra3.2$ μm 的要求。

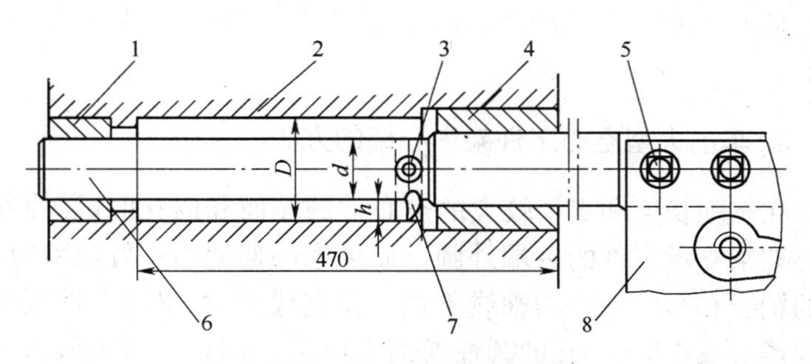

图1-34　车削台阶深孔

1. 前支承套；2. 工件；3. 压力螺钉；4. 后支承套；
5. 刀台压力螺钉；6. 刀杆；7. 刀头；8. 方刀台

此工件为一个较大型壳体，为铸造1Cr18Ni9，两端有圆形法兰，中间有一侧有开口长孔。车削时，先用夹具装夹车好两端法兰外圆，然后用自定心卡盘和中心架装夹和支承，分别车好两端面和两端短内孔（即安装支承套的内孔），这样一批工件都这样车好后，专安排一工序用专用刀杆车中间的台阶长孔。

车削中间长孔前，先在两端短孔配一个铸铁套，内孔与刀杆滑动配合，制作一根 d 为 55 mm，右端直径为 60 mm 的长刀杆，在右端头部铣扁，便于在车床方刀台上安装。中间钻一横孔安装刀头和压刀螺钉。

车削中间长孔时，先将工件左端支承套装入工件孔中，再将工件安装在车床卡盘和中心架上，在刀杆右端装上右端支承套，调整刀头伸出长度 $h=D-d/2$。将刀杆连同右端支承套装入工件孔和左端支承套中，用刀垫调整刀杆高低并固定在刀台上，使刀杆在两支承套中自如滑动，即可开动车床使工件旋转，开始走刀车削，直到工件孔纵向深度为止。当走完刀后，再反向移动大拖板，连同右端支承套和刀杆一起退出工件，即可卸下工件。车削第二杆时，还是按上面的步骤进行。

工装的特点。两端用支承套支承刀杆，大大增强了刀杆的刚度，α_p 达到 13 mm，刀杆也无振动，保证了已加工表面粗糙度，同时也使孔间的位置精度提高，车削效率比传统方法提高 10 倍以上。

5. 车削大型空心工件架中心架的方法

在车削长度和直径较大的空心件的端面和内孔时，需要使用中心架来支承工件的右端外圆。如果中心架架的不好，会造成工件的轴线和车床主轴的轴线不在一条直线上，车出的工件端面会出现洼心或鼓肚，内孔的圆柱度也不好。严重时，工件旋转会从卡盘中脱落，造成事故。

安装这类工件时，工件左端用卡盘夹住，工件右端用中心架支承。为了把中心架架好，先在工件孔中塞一个木板或用黄油在工件端粘贴一张纸，把尾座顶尖顶靠在木板或纸平面上，转动一两转主轴，顶尖就会在木板或纸面划出一个圆圈。然后调整中心架的托爪，使顶尖的尖端对正圆圈的中心，这样就使工件和主轴的两轴线就基本重合了。在半精加工后，如测出端面平面度或内孔圆柱度超差，再对中心架三个托爪微量调整，予以消除。

6. 挤压内孔

为了降低一般工件内孔和短油缸内孔的表面粗糙度值，提高内孔表面硬度，除采用滚压加工外，也可采用挤压加工。常采用的挤压工具如图 1-35 所示。

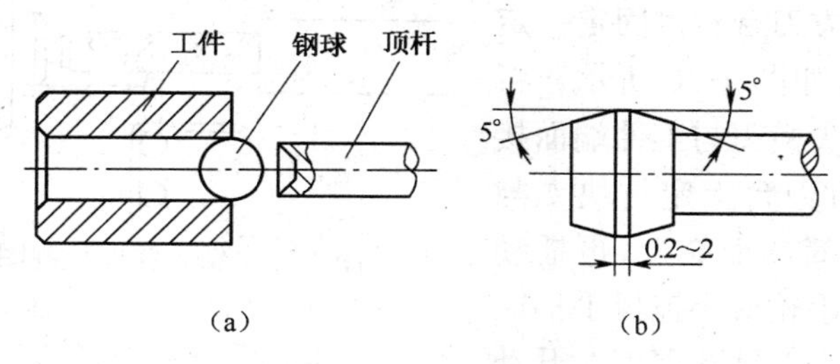

图 1-35　挤压工具

(1) 钢珠挤压。选用比工件孔径大 0.02～0.04 mm 的钢珠，后面用一根直径小于工件孔径，前端部带凹形的推杆，推动钢珠作轴向运动，对孔进行挤压，如图 1-35(a)所示。当没有合适的钢珠时，可用工具钢或合金工具钢及高速钢，作成算盘珠的钢球，经淬火后抛光代替。

(2) 挤压头挤压。如图 1-35(b)所示。它也是用高速钢、合金工具钢或工具钢等材料制造，经淬火、磨削、抛光而成。

(3) 挤压参数与润滑剂。内孔挤压前的的表面粗糙度值应达到 *Ra*6.3～3.2 μm，挤压后可达到 *Ra*0.8～0.2 μm。挤压时可在车床、拉床和压力机上进行。挤压轴向速度为 0.5～4 m/min。挤压过盈量为 0.02～0.08 mm，孔径大和壁厚时取大值。挤压钢时，用硫化磺化油或石墨＋机械油及 MoS2；挤压铸铁时用煤油；挤压青铜时用机械油。

7. 车薄壁套用橡皮消振

车薄壁套时，往往因工件壁薄产生振动，有时还会产振声，直接影响加工质量。针对这一问题，在车削内孔时，在工件外圆上缠上橡皮。车削外圆时，在工件内孔塞上橡皮。这样就消除了在车削过程中的振动，显著提高加工质量。

8. 在车床上严格控制钻孔深度的方法

钻孔时，先把尾座固定，在车床方刀台右侧固定一定位块 4，如图 1-36 所示。将钻头钻尖横刃与工件端面接触，把方刀台上定位块 4 与尾座套筒端面靠上，再摇动大拖板手轮或小拖板手柄向前移动一个钻孔深度。开动车床并摇动尾座手轮，使尾座套筒向前移动，当尾座套筒端面接触定位块后，即已钻孔到已要求的深度。

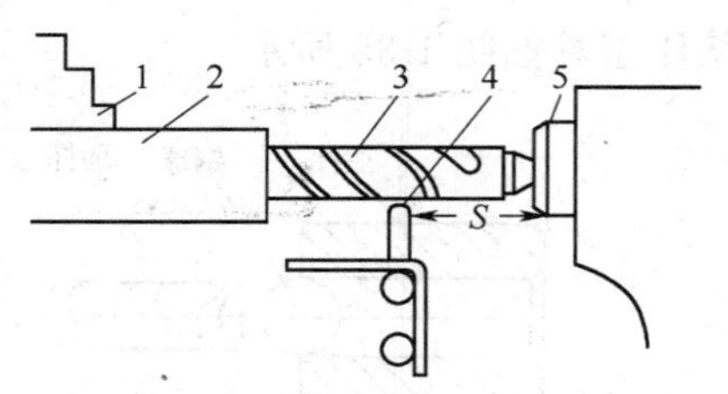

图 1-36　钻孔深度控制图

1. 卡盘爪；2. 工件；3. 钻头；4. 定位块；5. 尾座套筒

9. 铰孔后尺寸偏大的原因及解决方法

(1) 孔径大、表面粗糙。这时检查铰刀刃口，如有积屑瘤，应用油石鐾掉；若发现铰刀刃口和前、后刀面不光，应用油石仔细鐾光，使刃口不得有锯齿状；适当降低切削速度（铰塑性材料 $v_c<5$ m/min），使用润滑性好的植物油或极压切削油，以消除积屑瘤的产生。

(2) 铰刀尺寸大。应用油石鐾磨，或用铸铁套用研磨膏开反车对铰刀进行研磨，使铰刀直径符合要求。

(3) 铰刀轴线与工件孔的轴线不同轴。这样铰出的孔尺寸变大。应调整机床和夹具，使它们同轴。也可使用铰刀浮动夹具，使铰刀在使用中自动调整轴心位置。

(4) 铰刀排屑不畅。应增大铰刀的刃倾角，通孔采用负的刃倾角，使切屑排向待加工表面。适当减小铰孔余量，增大冷却润滑液流量和退出刀具排屑次数。

第五节　特形工件的车削

1. 车内球面的靠模刀架

车削如图 1-37 所示 1 的内球面工件，可采用如图 1-37 所示的靠模刀架。只要更换靠模板，还可以车削不同球径的球面或其他的形面。它的结构简单，操作方便，适用于单件和成批生产。

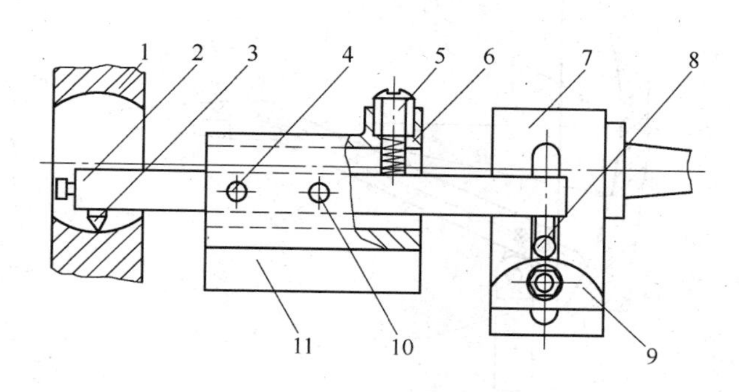

图 1-37　靠模刀架

1. 工件；2. 刀杆；3. 刀头；4. 插销；5. 顶丝；6. 弹簧；7. 托架；8. 滚轮；9. 靠模板；10. 刀杆销；11. 刀架体

使用时，将刀架体 11 装夹在方刀台上，移动大拖板使刀尖处于工件球面中心，再移动尾座和尾座套筒，使靠模板 9 圆弧中心与滚轮 8 的中心对正，然后锁紧尾座和尾座套筒，拔出插销 4，即可横向吃刀大拖板纵向走刀对内球面进行车削，直到工件球径测量符合要求为止。

注意的问题。刀尖至刀杆销 10 的中心距与滚轮 8 至刀杆销 10 的中心距应相等，否则会造成工件球面与靠模板不一样；测量工件球面尺寸时，应用深度游标尺测出尾座套筒伸出的长度，再缩回套筒，退出刀架进行测量。若需继续车削，再把刀架摇回，尾座套筒再返回原来的伸出长度，否则会造成球面中心偏移。

2. 车削大端面内球面的工具

在车床上车削端面大内球面，采用如图 1-38 所示的工具。此工具结构简单，使用方便。如把刀杆 4 作成可调式，就可调整球面半径 R 的大小。

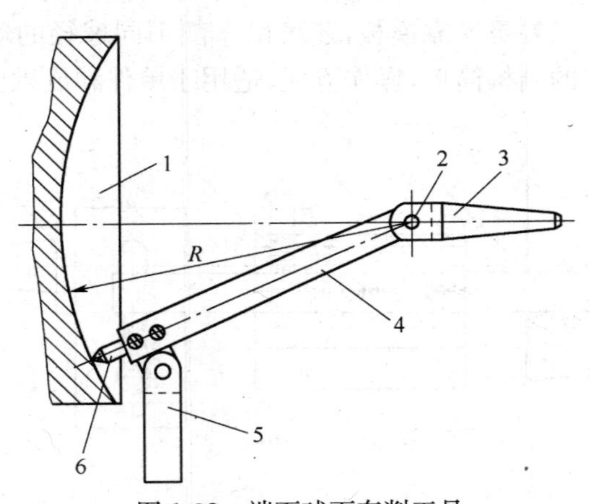

图 1-38　端面球面车削工具

1. 工件；2. 销钉；3. 锥柄；4. 刀杆；5. 推杆；6. 刀头

工件 1 安装好后，将锥柄 3 插入车床尾座锥孔内，把推杆 5 安装在方刀台上，调整好刀尖伸出长度，使刀尖到销钉 2 的距离等于球面半径 R。车削时，中拖板自动横向走刀，大拖板由刀杆 4 的推力作轴向移动，即可对工件球面进行车削。需要吃刀时，可摇动车床尾座手轮，使尾座套筒向前移动，即可完成吃刀工作。

3. 车削端面大直径内球面工装

如图 1-39 所示为车削工件端面大直径内球面工装，是用连杆可调式滑套结构。使用时操作简便，有较宽的调节范围，通用性较强。

圆柱销 4 和 10 分别一端与滑杆 2 和一端与锥柄的左、右旋螺杆连接，两圆柱销的中心距即为球面半径 R。滑杆 2 可在滑杆座

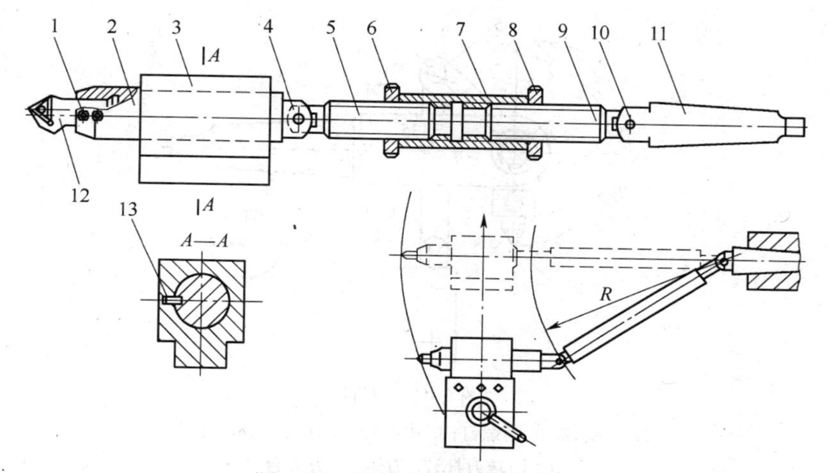

图 1-39　端面内球面车削工装

1. 压刀内六角螺钉；2. 滑杆；3. 滑杆座；4、10. 圆柱销；5. 左旋螺杆；6、8. 螺母；7. 调整螺母；9. 右旋螺杆；11. 锥柄；12. 刀杆；13. 平键

内轴向滑动，并由平键 13 作定位防止转动。锥柄 11 固定在车床尾座套筒锥孔内，滑杆座 3 安装在方刀台上。旋转调整螺母 7，可以调整所车削球面半径 R 的大小，并用 6 和 8 螺母锁紧。

车削时，利用中拖板横向自动走刀，带动滑杆 2 轴向移动进行车削。调整吃刀深度时，向前移动尾座套筒即可。

4. 车削内半球刀杆

为了解决内半球的车削，设计制造了如图 1-40 所示的刀杆。刀体 7 的锥柄插入车床尾座锥孔内，回转刀杆 6 绕中心轴 3 旋转，连杆的一端用销轴 8 连接在方刀台刀杆上，另一端用销轴 5 与回转刀杆 6 连接，以带动回转刀杆 6 旋转，实现自动进给。球的半径由刀头 1 伸出的长度进行调整。

车削时，把车床尾座固定在适当位置，使刀尖在工件孔口附近，吃刀或退刀由摇动车床手轮来实现。吃刀深度的大小由车床尾座套筒伸出长度的位移量来控制。自动走刀由中拖板的自动移

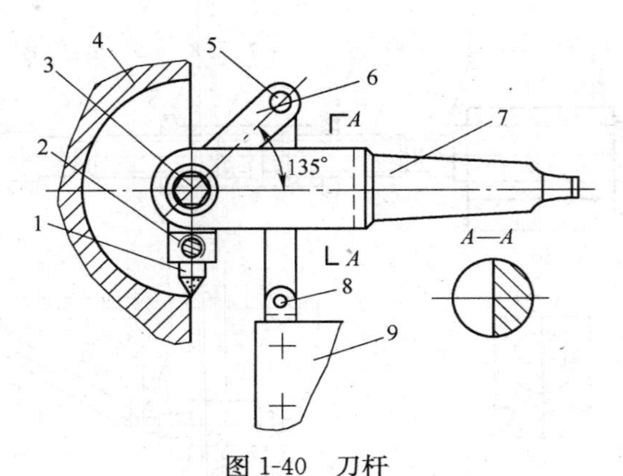

图 1-40　刀杆

1. 刀头；2. 紧固螺钉；3. 中心轴；4. 工件；5、8. 销轴；
6. 回转刀杆；7. 刀体；9. 方刀台

动来完成。

5. 车削内球面工装

冲床、压力机等设备上的球形关节的内球面，精度要求高，如不采用专用工装，很难保证质量要求。为了解决此问题，就设计和制造了如图 1-41 所示的车削内球面工装。

此工装由刀体 8、齿条 7、齿轮轴 5、压刀螺钉 6、轴承 3、驱动杆 1、螺母 2 和刀具 4 组成。使用时，把刀体插入车床尾座套筒锥孔内，将尾座移动能切削的位置固定好。根据内球面的半径，调整好刀具伸出的长度，使刀尖到齿轮轴的中心距离等于内球面的半径。再把驱动杆 1 的一端固定在车床方刀架上，以便于用中拖板自动或手动进给，使刀体内的齿移动，带动齿轮轴和刀具转动，完成对内球面的车削。吃刀时，摇动尾座手轮向前进刀或向后退刀。

6. 球头简易研磨方法

为了提高外球面的圆度和降低球面表面粗糙度值，可在车床上采用如图 1-42 所示的研磨方法。通过研磨后的圆球的圆度可

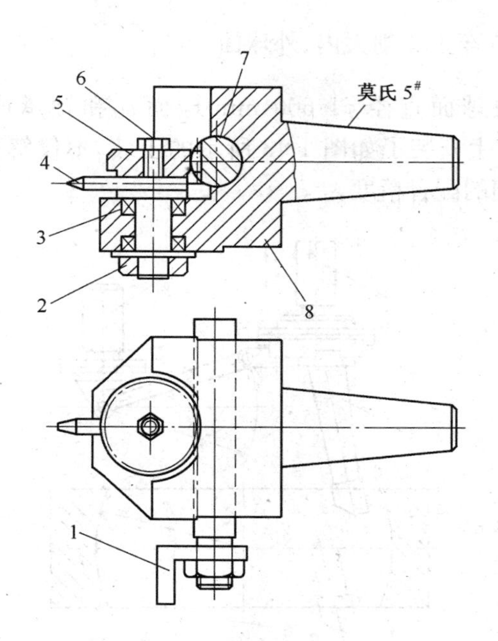

图 1-41　车内球面工装

小于 0.005 mm，表面粗糙度值可达 $Ra0.2\ \mu m$ 以下。

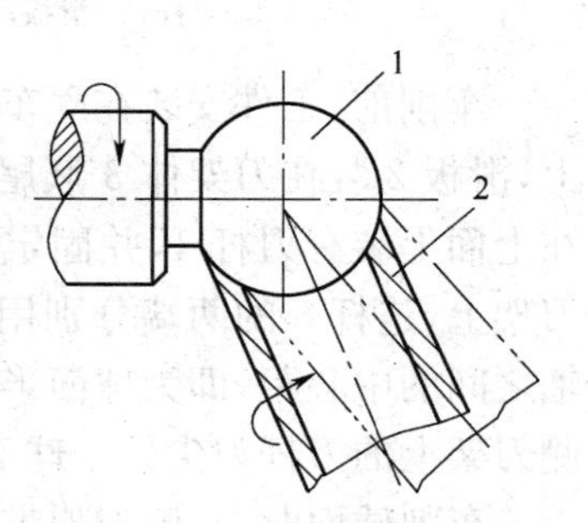

图 1-42　研磨球头

1. 球头；2. 铸铁研磨套

研磨套的材料，一般选用灰铸铁，内径小于圆球直径，壁厚为 5 mm左右。磨料为刚玉或碳化硅。粒度为 F100～F180，表面粗糙度值要求低时，精研用 W40～W14。使用时用动物油或矿物油调成糊状。

研磨时，工件速度 $v_c = 15$～20 m/min，把铸铁管套在球头上，并涂上磨料剂，一边摆动和转动铸铁管，用手稍施一定压力进行研磨。如需换细的研磨剂时，一定要用煤油把工件和铸铁套清洗干净。

7. 在立车上车削大内、外球面

为解决球面直径 ϕ1 600 mm 球面瓦和轴承座的车削，就C5235 立车上安装了如图 1-43 所示的工装，不仅解决了此问题，也保证它们的配合精度。

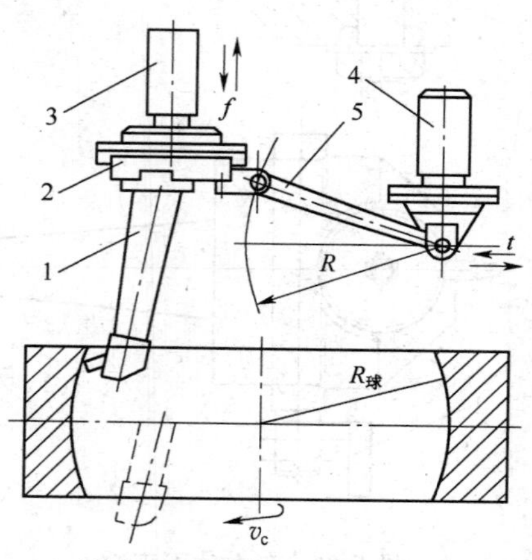

图 1-43　车球面工装示意图

1. 刀杆；2. 滑板；3. 刀架体；4. 支架；5. 连杆

车削前，工件安装在立车卡盘上，刀架体 3 安装在立车左刀架上，滑板 2 装在刀架体 3 燕尾导轨上，在水平方向可以自由滑动，在上面上装有刀杆 1，并固定在滑板 2 上。支架 4 装在立车右侧刀架上，连杆 5 的两端分别用销轴与滑板 2 和支架 4 铰接。两销轴之间的中心距，即为球面半径 R。调整立车右侧刀架上下，当左侧刀架上的刀杆刀尖处于球面中心时，应使连杆 5 处于水平位置。

车削球面时，左侧刀架带动刀架体 3 垂直方向作走刀运动，滑板 2 带动刀杆在空间作半径 R 平移弧线运动。由于工件绕工作台旋转，就车削出半径为 R 的内球面。在水平(横向)方向移动右侧刀架位置的距离，就是吃刀深度。

若车削外球面，只需把刀杆 1 翻转 180°后再固定，如图 1-44 所示，同理可车削半径为 R 的外球面。

8. 在立车上车削大型外球面

在立车上车削如图 1-45 所示的大直径外球面，需制作一套简单的工装才能车削。工装由立刀架上的支架 10、侧刀架上支架 4、连杆 8、侧刀架上刀杆 6 和刀具 7 及两销轴 3 和 9 组成。连杆 8 上两销孔中心距离为球面半径。

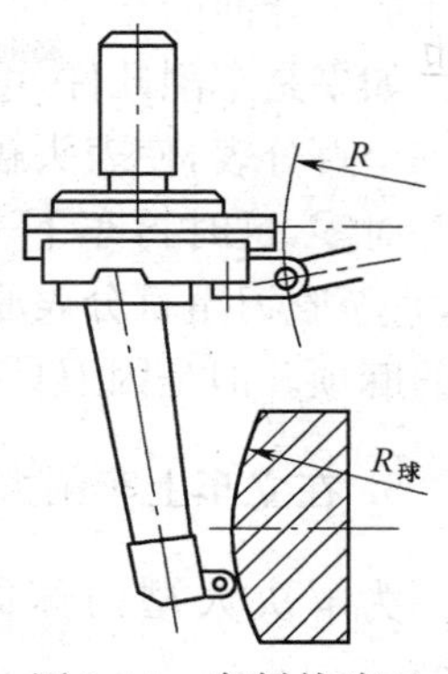

图 1-44　车削外球面

工件 1 在立车上安装好后，首先使立刀架上的立支架 10 的销轴孔的中心和工件的旋转中心一致。把侧刀架 5 的传动

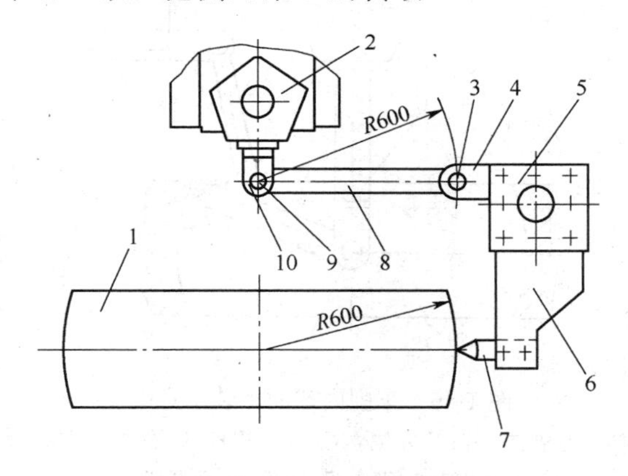

图 1-45　车外球面示意图

1. 工件；2. 立刀架；3、9. 销轴；4. 侧支架；5. 侧刀架；
6. 刀杆；7. 刀尖；8. 连杆；10. 立支架

丝杠及横向尾支承的支架拆除，使侧刀架的移动处于滑行状态。再将刀杆 6 和刀头 7 安装好，使刀尖处于工件球心水平位置。上下移动立刀架和左右移动侧刀架，将连杆 7 装在两支架上，并使连杆轴心线处于水平位置。然后将侧刀架升起来，调整刀头伸出长度进行吃刀后，使工件旋转，侧刀架向下自动走刀进车球面车削。通过几次调整刀头伸出长度和走刀车削，通过测量达到球要求后，就完成了球面的车削加工。

如果是车削几件，可在第一件加工好后，在立刀架左侧导轨横装一个百分表，使表头触到立刀架横向移动拖板上，记好表盘的读数并对零，这时再车下一个工件时，就可用立刀架横向移动来吃刀，直至吃刀至百分表原来的读数为止，这样省去调整刀具伸出长度的麻烦。但是因刀具有磨损，也必须对球径进行测量。

9. 在立车上车削大型内球面

为解决大型内球面的车削，设计制造了如图 1-46 所示的工装。

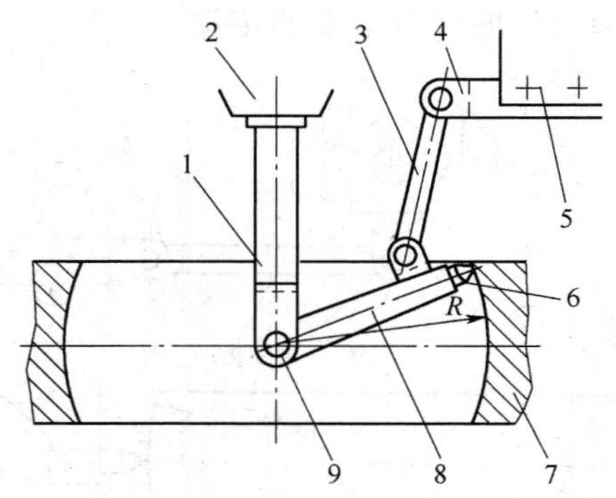

图 1-46　车削内球面工装示意图

1. 左侧立刀架定心杆；2. 左侧立刀架；3. 连杆；4. 右侧立刀架上支架；5. 右立刀架；6. 刀头；7. 工件；8. 刀杆；9. 销轴

它是以双柱立车左侧立刀架的定心杆 1 定球面中心，右侧立刀架作自上而下的自动走刀运动，通过支架 4 和连杆 3 驱使刀杆 8 作绕销轴 9 作垂直旋转运动，再加上工作台带动工件作水平旋转运动，便使内球面完成加工。

使用时，首先把左侧立刀架上的定心杆 1 上的销轴 9 的中心调整到工件球面中心。把支架 4 安装在右侧立刀架 5 上，并用连杆 3 和销轴把刀杆 8 和支架 4 铰连起来。在刀杆 8 上装上刀头 6，就可以用右侧立刀架垂直进给对球面车削。调整刀头伸出长度，使刀尖至销轴 9 中心的距离，就是内球面半径 R，或者采用量具测量内球面球径，再调整刀头伸出长度来达到。

10. 在卧车上镗削内球面

采用在卧车上镗削的方法，工件和工装如图 1-47 所示。此工装虽然较复杂，但它可以正反走刀进行车削，加工精度较高。

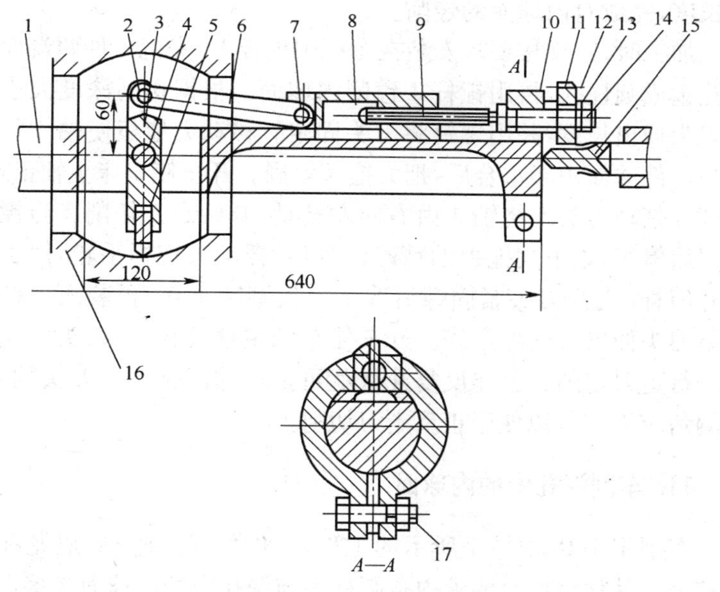

图 1-47　在卧车上镗削内球面工装

1. 镗杆；2. 销轴；3. 刀杆；4. 轴；5. 刀头；6. 连杆；7. 销轴；8. 丝杠母；9. 丝杠；10. 支架；11. 齿轮；12. 平键；13. 垫圈；14. 螺母；15. 特制顶尖；16. 工件；17. 螺栓

镗杆 1 的左端用卡盘夹住，右端用特制顶尖 15 支承。刀杆 3 用轴 4 安装在镗杆 1 的长槽中，一端安装刀头 5，另一端通过销轴 2 与连杆 6 连接。连杆 6 通过销轴 7 与丝杠母 8 相连。转动丝杠 9，可使丝杠母 8 在镗杆 1 的燕尾槽中移动。螺距为 1.5 mm 的左旋丝杠 9 在支架 10 孔中转动，支架 10 由螺栓 17 固定在镗杆 1 右端。齿轮 11($m=2$、$z=31$)通过平键 12、垫圈 13 和螺母 14 固定在丝杠 9 右端。镗杆 1 转动时,齿轮 11 绕制特顶尖 15 旋转。特制顶尖 15 上铣有 $m=2$、$z=12$ 的齿。当镗杆 1 转动时,齿轮 11 绕特制顶尖 15 转,带动丝杠 9 旋转,使丝杠母 8 在镗杆上轴向移动。通过销轴 7、连杆 6、销轴 2 带动刀杆 3 以轴 4 为圆心和刀头 5 一起在镗杆的长槽中左右作弧形移动。再通过一次次调整刀头伸出长度,完成对内球面的镗削。

加工时,工件按要求安装在车床中拖板上,先把工件两端面和内孔镗成圆柱孔,再用镗杆 1 镗削内球面。根据切削深度大小调整刀头伸出长度,并用螺钉将刀头固定。移动大拖板使轴 4 的中心与工件球面中心重合后,把大拖板紧固。开车使车床主轴正转,刀杆 3 带动刀头 5 绕轴 4 由右向左转动,开始走刀切削。当镗过一刀后停车,记下大拖板的精确位置后,摇动大拖板手轮,使工件离开刀杆,松开刀头紧固螺钉取下刀头翻转 180°,再装入刀杆和调整刀头伸出长度固定好。开车使车床主轴反转,使刀头由左向右进行走刀切削。这样反复几次就可把内球面镗好。刀头的主、副偏角应为 45°,以便于正反走刀切削。

11. 车削深孔中的内球面

车削图 1-48 中件 1 所示的工件,工件材料为塑料、尼龙和有机玻璃或其他材料。要求内孔圆柱面与深孔中的内球面连接点 A 必须十分光滑无台阶,这就给车削带来难度。为此在车削内孔和内球面时,必须在一次走刀中完成。

为了车削好此工件,先制作如图 1-48 所示的内孔车刀。刀片材料为合金工具钢或高速钢。车成后进行淬火和磨削而成,并按图把多余的部分去掉,再用螺钉把固定在刀杆上,就可进行车削。

车削内孔时,先用钻头钻孔,用内孔刀粗车内孔,再用专用成形刀半精车内孔至孔深,最后再精车圆柱孔和内球面一次走完成。这样使内孔无接刀痕迹。十分光滑过度。

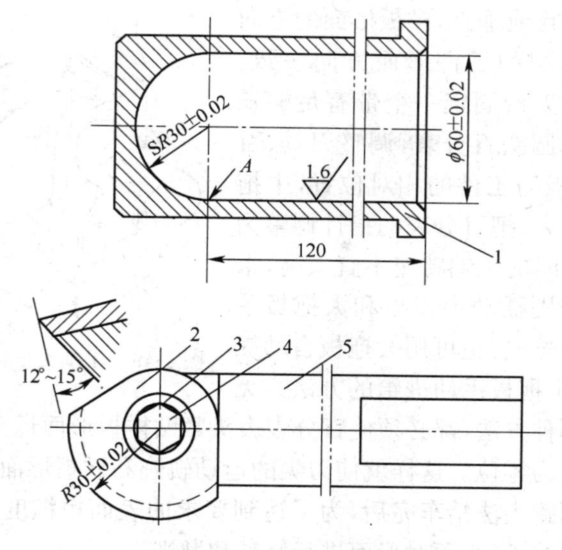

图 1-48　内球面工件和刀具

1. 工件;2. 刀片;3. 垫圈;4. 螺钉;5. 刀杆

12. 在圆柱上车削大半径弧面的方法

根据圆柱工件弧面半径,如图 1-49 所示,在一块矩形板 2 上加工一个装夹圆柱工件的孔,并标出圆弧中心作为找正用,铣出一开口缝 4,将工件 1 插入在矩形板 2 孔中,夹在四爪单动卡盘中,找正矩形板端面和中心孔 3,就可车削工件上大半径圆弧面了。

13. 用跑表法车削特殊形面工件

采用成形样板和百分表来控制刀具运动轨迹来车削形面工件的方法,称为跑表法。这种方法简单易掌握,适用于车削非圆曲线形面。

车削时,先参考形面样板粗车形面,留出 1～2 mm 精车余量,然后再用跑表法精车形面。精车前,先用辅助工具把校对样板固定在车床尾座上,如图 1-50 所示,并找正样板的基面与车床主轴中心线平行或垂直，样板形面的方向应与被车削的工件形面方向一致。然后在方刀台固定一个带有足够长度表杆的圆头百分表，调整刀具、百分表、样板与工件的相对位置，中拖板进刀压表，把百分表的指针调整为零。车削时的主轴转速不宜太高，采用双手分别摇动中拖板和大拖板手轮进刀的方法，也可用大拖板自动纵向进给，中拖板手动进给的方法。无论采用哪种方法，都必须使百分表表头紧贴样板形面运动，并保持表的指针为零位。这样就使刀尖的运动轨迹和样板形面的曲线一致。采用跑表法精车完后，为了达到要求的表面粗糙度值和曲线的圆滑连接，还必须对形面进行修整和抛光。

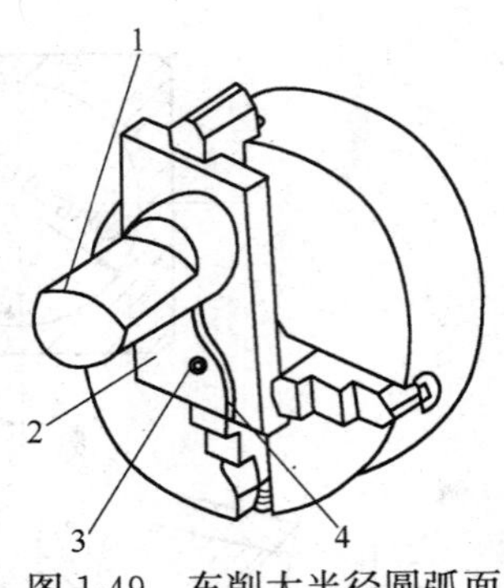

图 1-49　车削大半径圆弧面

注意的问题：

(1) 百分表指针的零位，是用双手控制的，不可能始终使表针在零位，一般情况下，允许表针摆动范围在±0.015 mm 以内。

(2) 作为跑表依据的样板厚度应在 5 mm 左右，便于表头在上面移动，而且要光滑。

(3) 车刀的刀尖应和车床主轴中心等高，刀尖圆弧半径应与百分表头的球面半径相同，以减小车削过程中工件误差。

(4) 车削时刀尖的起点和百分表头在样板上的起点保持一致，应从工件的高点向低点进给。适当调整中、小拖板导轨间的间隙，以免引起振动。

14. 杠杆式靠模装置

如图 1-51 所示的杠杆式靠模装置，车削形面工件的过程，是由主导的纵向进给和随动的杠杆摆动完成。杠杆由销轴固定在方刀台上夹具体连接在一起，刀具安装在杠杆左端的方孔中，滚轮安装在杠杆右端上，都与销轴的距离相等。为了使杠杆上的滚轮紧

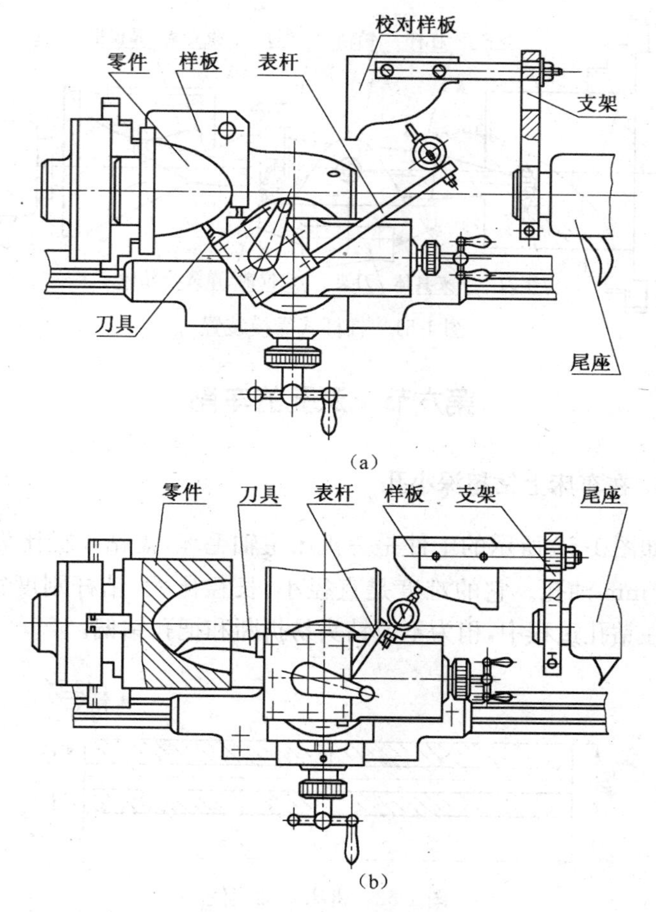

图 1-50　用跑表法车削形面

(a)车削外形面;(b)车削内形面

靠在靠模板形面上,在杠杆上设有弹簧顶紧机构。靠模板用靠模支架安装在车床尾座套筒锥孔内。

这种靠模结构简单,容易制造,适用于形状变化不大的形面车削。在制造和使用时,必须使刀尖、销轴与滚车中心之间的距离相等,否则车出工件形状与靠模板的形状不一致。

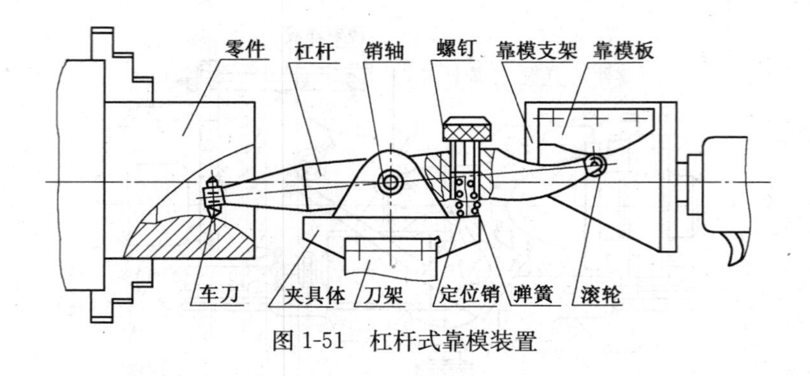

图 1-51　杠杆式靠模装置

第六节　深孔的车削

1. 在车床上钻超深小孔

如图 1-52 所示的工件是一机床主轴毛坯，需钻长径比为 120 的 $\phi 6$ mm 油孔。它的难度是直径小、长径比大、钻杆刚度很差。而且在钻孔过程中，稍为不慎钻头易折断和把孔钻偏。

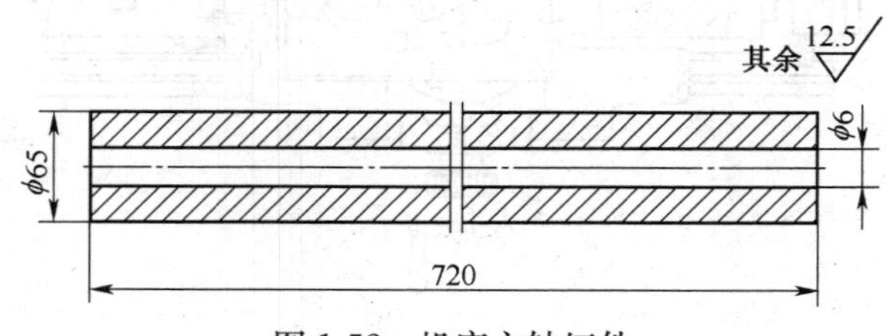

图 1-52　机床主轴坯件

(1) 刃磨钻头和焊接加长钻杆。刃磨钻头时，为减小轴向力，应把钻头的横刀宽度 b 磨小，一般 $b=(1/6\sim1/10)d$，d 为钻头直径。在焊接加长钻杆时，为了使钻头焊接牢固，可采用图 1-53(b) 的焊接方法。它是除焊接钻杆与钻头的接口处，还焊接用砂轮的棱角磨出的两个缺口，以增大焊接面积和防止钻头在钻杆中转动。钻杆直径比钻头直径小 0.15～0.2 mm 为好。

(2) 粗车工件外圆和端面。

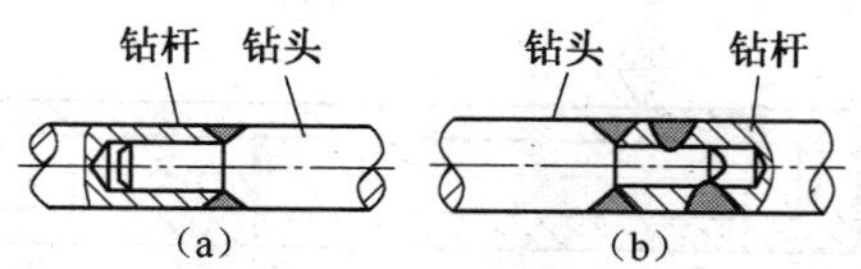

图 1-53　钻头与钻杆的焊接方式
(a)为原来的焊接方式；(b)推荐的焊接方式

(3) 钻孔。把工件用卡盘和中心架安装在车床上。先用车床尾座和中心钻在工件端面上钻一个直径大于钻头直径的定位孔。再用标准 $\phi6$ mm 的钻头钻一个尽可能深的导向孔。然后把加长钻头用 V 形铁和刀垫安装在车床方刀台上，钻头伸出长度约 1/2 孔深，为增加钻杆刚度。用大拖板走刀进行钻孔，并在大拖板前面的大导轨上放一块限制每次钻孔深的方块。每次钻孔深度约等于钻头直径，这时必须退刀排屑和润滑。千万别侥幸钻深，以免钻头容屑槽中切屑过多，摩擦力增大，扭断钻头。在每次钻头进刀快到切削表面前(即大拖板碰到方块前)，应停止手摇大拖板手轮进刀，千万别使钻头撞到切削表面而使钻头折断。当钻到 1/2 孔深后，把钻头伸出孔的全长，继续把孔钻完。

2. 在车床上钻大直径深孔

在车床上钻大直径如图 1-54 所示的深孔，这种工件大多是活塞杆，有时孔径为 $\phi65$～$\phi70$ mm，孔深达 2 000～3 200 mm。钻这种孔的风险是钻头易研伤、折断、脱落在孔中，不易取出。还因为钻头直径大，切削力大，利用大拖板自动走刀困难和冷却润滑困难。一般没掌握钻深孔的操作人员，都望而却步。但是按照下面的方法去操作，就会变得可而易行，而将上面的问题变为不是问题。

(1) 准备和刃磨钻头与车削钻杆。由于一次走刀钻出孔，因切削力大，自动走刀费劲。所以采用两次走刀钻出，采 $\phi32$ mm 的钻头钻第一次，再用 $\phi42$ mm 的钻头扩孔至要求。钻头的钻型最好采用三尖七刃的群钻钻型。如用普通钻头，应把钻头的横刃磨

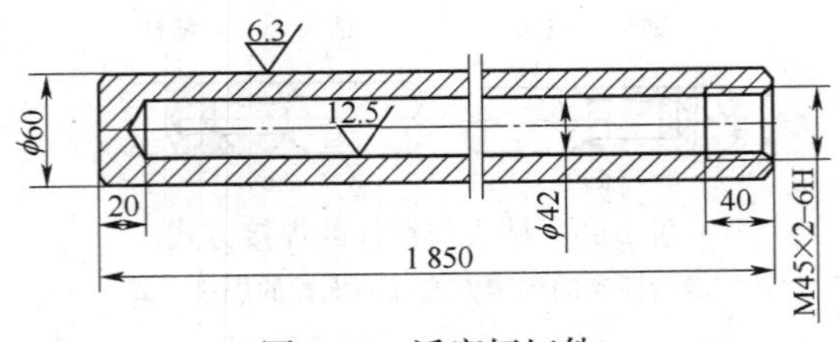

图 1-54　活塞杆坯件

窄，宽度 $b=(0.04\sim0.06)d$，d 为钻头直径，以增大钻心处前角和减小钻削时的轴向力，还有好的定心作用。为了防止钻头的 A 部与孔壁摩擦、拉伤和研在孔中(1-55 中，此部分和钻头尾部不是高速钢；并未淬火硬度低)，不易取出。所以在使用前，应把 A 段的外径磨小 0.5～1 mm。经过多次实践证明，只要磨小 A 段的钻头，即便掉在孔中，也会容易取出。

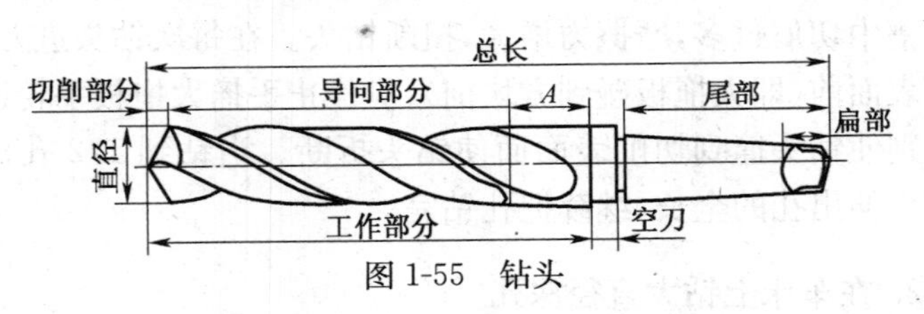

图 1-55　钻头

钻大直径深孔的钻杆一般制作二根，一根长度为深孔的 1/2 长，另一根为全长加上在方刀台装夹部分，并在此部分铣扁而便于装夹，前部孔为与钻头莫氏锥柄相配合的锥孔，并铣出扁槽。第一次走刀钻孔的钻杆直径，应比钻头直径小 0.3～0.6 mm。为了防止钻杆因硬度低拉伤，除对钻杆外圆滚压外，在退刀排屑时刷去碎屑和进行润滑。

(2) 粗车工件外圆和两端面。

(3) 钻孔。把工件安装在卡盘和中心架上。先用车床尾座和大直径中心钻一个大的定位孔，再用标准 $\phi32$ mm 钻头钻一个尽可能深的导向孔。然后把短的加长钻杆安装在方刀台上，并使钻杆的轴线与工件轴线同轴，在钻杆前面装上已小 A 部的 $\phi32$ mm 钻头，在大拖板前面的大导轨上放一个方铁块，以确示钻孔的深度。这时就可手摇大拖板手轮使钻头到进刀位置，用大拖板以 $f=0.25\sim0.35$ mm/r 的进给量自动走刀钻孔。当钻头走刀长度达一个钻头直径后，就必须退刀排屑与润滑。第二次快速移动使大拖板前面到达方铁块前，停止快速进行第二次走刀。重复上面的操作，直至钻到钻杆的终点。卸下短钻杆，换上长钻杆，重新设置方铁块的位置，还是按上面的操作方法，把孔深钻至要求。

(4) 扩孔。在钻杆上换上 $\phi42$ mm 钻头，以 $f=0.3\sim0.4$ mm/r的进给量钻削，还是在大拖板前面放一块定位方铁块，以防钻头撞在切削表面上，每次走刀长度约为 2 倍钻头直径后，同样退刀排屑和润滑。这样一直把孔钻扩完。

特别注意的问题。每次走刀钻孔的深度一定要严格控制，切不可疏忽大意；每次进刀时，切记不要使钻头撞到切削表面上，以防钻头折断；退刀排屑后，一定要把钻杆上的碎屑清理干净，以防研伤钻杆；如果在退刀时，钻头掉在孔中，这时把车床主轴挂在空挡位置上，手盘卡盘和摇大拖板手轮，使钻柄对正钻杆锥孔中，往前撞紧钻头，再开车退出。

3. 纯铜小孔的钻削

纯铜也即是一般人所说的紫铜。由于它的硬度很低，塑性很高，其切削加工性也较差。车削如图 1-56 所示的喷嘴，看似简单，实为很难，难就难在钻 $\phi0.5$ mm 长径比大于 10 的小孔上。

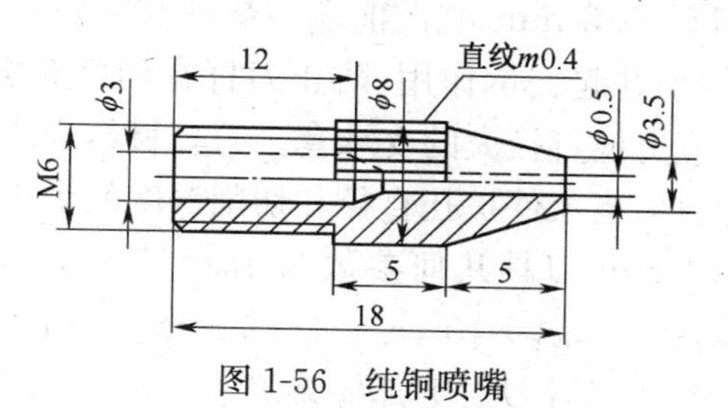

图 1-56　纯铜喷嘴

由于此工件材料塑性高、硬度低，切屑变形大，极易堵塞在钻头的容屑槽中，不易排出，极易造成钻头的折断，使孔难于钻成。

为此采用如图 1-57 所示的自制扁钻，由于它的刚度好，就很容易把 ϕ0.5 mm 的小孔钻出，钻头也不会折断。

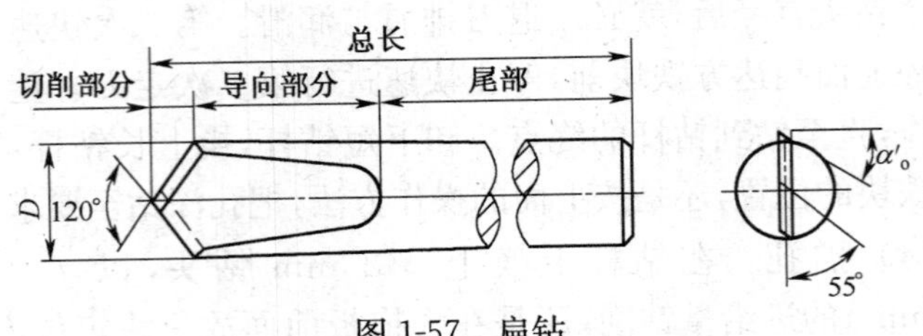

图 1-57　扁钻

此 ϕ0.5 mm 扁钻，是用 ϕ0.4～ϕ0.45 mm 钢丝作成。先用一段长约 40 mm 的钢丝，用手锤把前部砸扁，刃磨出锋角 120°左右、后角 α_o＝6°～8°、副后角 α'_o＝4°左右。在这之前磨出对称的前刀面，前窄后厚，以增加强度。

钻 ϕ0.5 mm 小孔时，先用小中心钻在工件端面钻一个定位坑。然后把扁钻夹在夹头中，用 n＝1 500 r/min 以上的转速钻孔，每次进刀小于 0.5 mm，，退刀进行排屑与润滑，可在很短的时间把孔钻透，不必担心钻头折断问题。

4. 采用对称双刃刀扩孔

图 1-58 为在车床上扩深孔的对称双刃扩孔刀和刀杆。它是在刀杆前端装有铸铁支承套，内孔与刀杆间隙配合，外径比原有工件孔径小 0.15～0.3 mm，它的前端用垫圈和螺钉挡柱。扩孔时，它在刀杆上转动并起支承作用，防止刀杆在切削时振动。当第一刀扩完孔后，应更换直径大的支承套。刀具材料为高速钢条，其刀条横截面的大小，当工件扩孔直径和切削深度的大小成正比，一般刀方为 16～24 mm 刀具几何参数为 γ_o＝15°～20°，α_o＝5°～7°，α'_o＝0°～2°，κ_r＝75°，κ'_r＝10°，r_ε＝1～2 mm。为了副后刀面不与孔壁发生干涉，在副后刀面下部应多磨去一些。刀具的两端的切削部分应磨对称而相反。

切削用量。一般钢材 v_c ＝ 15 ～ 20 m/min，f ＝ 0.2～

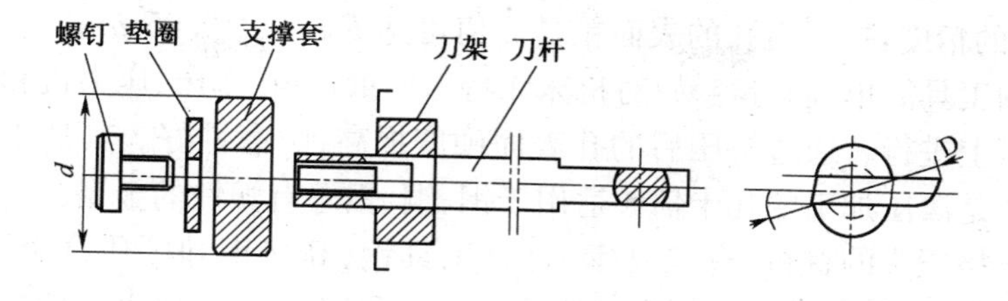

图 1-58　对称双刃扩孔刀

0. 4 mm/r,a_P=15～40 mm。切削时,不用退刀排屑。此刀具的工装简单,切除效率高,适用于粗加工。

5. 深孔的铰削加工

在车床上对深孔进行铰削,是精加工深孔的主要方法。一般可使孔的精度达到 IT6～IT8,表面粗糙度值可达 Ra3. 2～1. 6 μm。常用的铰孔方法有推铰和拉铰两种。推铰适用于大孔和较短的孔,拉铰适用于直径较小深度较长的孔。这主要是刀杆刚度问题。

孔径小于 ϕ30 mm 的深孔,最好采用右螺旋铰刀进行拉铰。孔径大 ϕ30 mm 的深孔,可采用图 2-15 所示的浮动铰刀铰削。采用这种铰刀铰深孔时,为了稳定切削和消除振动,应采用导向条支承。它可铰削孔径几百毫米、深度几米的大孔,并可使孔的圆度达到 0. 005 mm 以下。

铰孔的切削用量,是根据刀具材料和工件材料及控制切屑瘤产生的条件而选定。铰塑性材料时,高速钢和硬质合金铰刀,$v_c \leqslant$ 5 m/min,f=0. 3～0. 5 mm/r,2a_P=0. 05～0. 4 mm,并选用润滑性能优良的切削液。如铰削铸铁等脆性材料,v_c 可提高 1 倍,切削液煤油。

6. 深孔的挤压加工

挤压加工是小孔表面的光整、强化和高效率加工方法,它适于

加工的孔径为 $\phi2\sim\phi50$ mm、孔壁较厚的孔。可以使孔达到 H6～H7 的精度，挤压后孔的表面粗糙度值可达 $Ra0.8\sim0.05\ \mu m$。它用的工具简单，制造容易，对机床无特殊要求，可在车床、压力机和拉床上进行。通过挤压后的孔表面硬度提高、耐磨性好。其加工效率是滚压加工的几十倍。适用于钢、铜、铝等有塑性的金属。

挤压头的材料，有工具钢、合金工具钢、高速钢和硬质合金。前三种材料必须淬火，硬度要达到 60～66HRC。使工作表面的粗糙度值经过磨削和抛光后达到 $Ra0.05$ 以下。

挤压头工作部分的几何形状，对工件孔挤压后的表面质量、加工精度、挤压力和挤压头的寿命产生直接影响。挤压头工作部分的几何形状如图 1-59 所示。

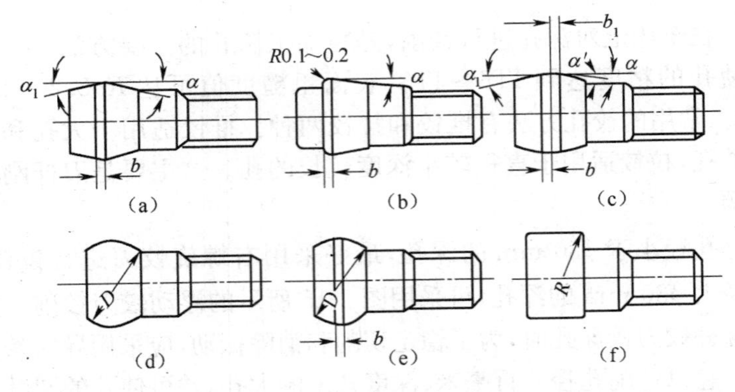

图 1-59　内孔挤压头几何形状

(a)锥形挤压头；(b)无后锥锥形挤压头；(c)有双前锥锥形挤压头；(d)球形挤压头；(e)带圆柱球形挤压头；(f)曲线形挤压头

图 1-81 中(a)所示锥形挤压头和(d)所示球形挤压头常被采用。前斜角 $\alpha=5^\circ\sim3^\circ30'$，后斜角 $\alpha_1=4^\circ\sim5^\circ$，棱带宽度 $b=D/13+0.3$（D 为孔径，单位 mm）。球形挤压头球径 D=孔径+过盈量。

挤压用量是指挤压速度和过盈量。挤压过盈量大小，与工件材料、孔径、工件壁厚、挤压前的预加工质量、工件所需强化程度和润滑有关。当工件壁薄,孔径<ϕ10 mm时,应相应按比例减小。工件表面粗糙度值大,过盈量应大一些。孔的挤压过盈量见表1-1。

表1-1　孔的挤压过盈量

工件材料	内孔直径/ mm		
	10～18	18～30	30～50
钢	0.07～0.1	0.08～0.12	0.12～0.15
铸铁	0.05～0.08	0.06～0.1	0.1～0.12
青铜	0.06～0.08	0.07～0.09	0.09～0.12

挤压前的孔的预加工,可采用精钻、铰削、车或镗削,其孔的表面粗糙度值应达到 Ra6.3～3.2 μm。挤压速度不宜高,以防使挤压产生“冷焊”生瘤现象,而影响加工质量。对塑性材料的挤压速度为2～4 m/min;对青铜和铸铁的挤压速度为5～7 m/min;对精度和表面质量要求高的孔,挤压速度为0.5～1 m/min。

挤压加工时,润滑剂起着十分重要的作用。合理选用润滑剂,可以提高工件挤压后的质量,延长挤压头寿命,降低挤压力。挤压钢件时,采用硫化磺化油70%～95%+石墨5%～30%,或纯甘油,或机械油90%+油酸10%;挤压铸铁用煤油;挤压铝用浓度高的乳化液;挤压青铜用机械油。二硫化钼也是挤压钢件的良好润滑剂。

7. 深孔的滚压加工

深孔的滚压加工,用于孔径 ϕ20～ϕ500 mm、长度100～5 000 mm的钢、铸铁和有色金属工件孔的光整和强化工艺方法。常用的工具如图1-60～图1-62所示。

滚压加工,它是利用被动旋转的滚压元件(即滚珠、滚柱和滚轮),在一定的压力作用下,使工件表层金属产生塑性流动,把工件表面微观峰谷熨平。工件通过滚压后,可使工件原来的表面粗糙度值从 Ra6.3～3.2 μm,降低到 Ra1.6～0.1 μm;工件表层硬度可提高30%～50%,硬化层深度可达0.2 mm以上,疲劳强度可

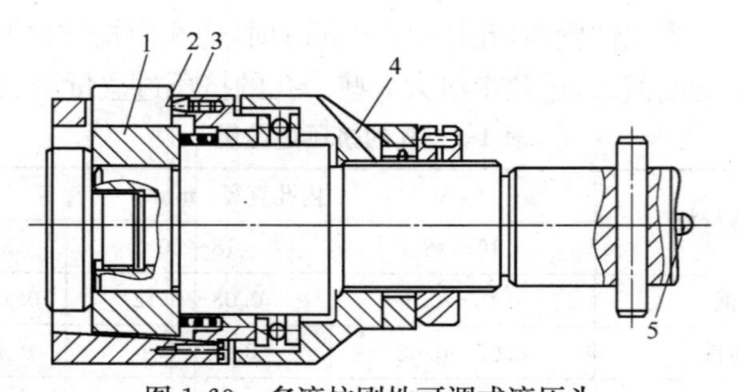

图 1-60　多滚柱刚性可调式滚压头

1. 滚道；2. 滚柱；3. 支承钉；4. 可调体；5. 支承柱

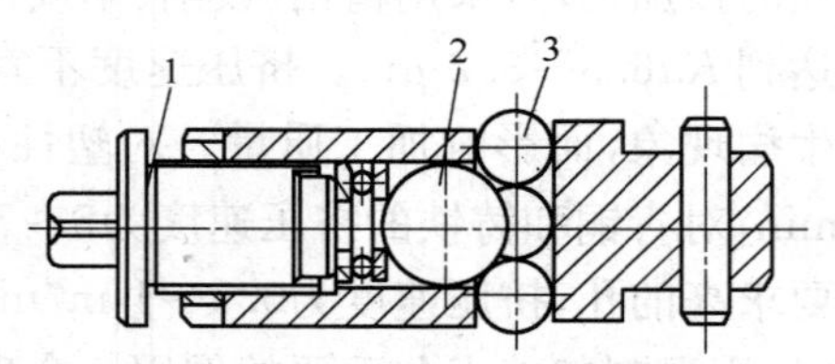

图 1-61　多滚珠刚性可调式滚压头

1. 调整螺钉；2. 大滚珠；3. 小滚珠

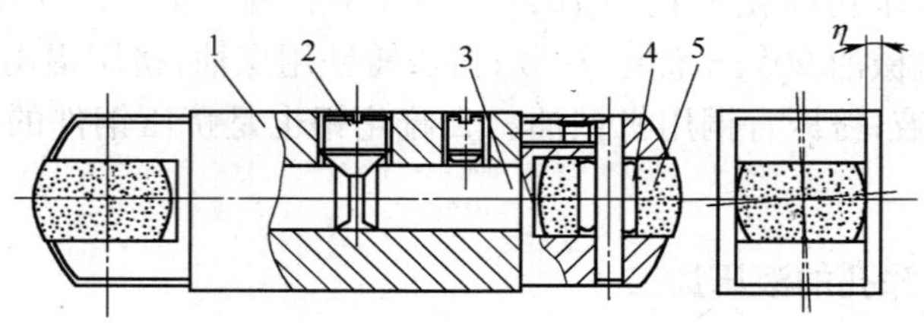

图 1-62　双滚轮浮动滚压头

1. 主体；2. 调整螺钉；3. 滚轮座；4. 滚针；5. 滚轮

提高 5%～30%；提高工件的耐磨性和配合性能；加工效率高，是磨削加工的几十倍。

滚压内孔的过盈量为 0.07～0.15 mm；滚珠式滚压头的进给量为 0.08～0.25 mm/r，滚柱式滚压头的进给量为 0.1～1 mm/r；滚压速度为 20～150 m/min；滚压行程次数为 1～2 次；滚压钢件的润滑液为 50%机械油＋50%的锭子油；滚压铜、铝和铸铁时的润滑液为 50%机械油+50%煤油。滚压前的内孔表面必须干净。

8. 车小深孔内槽

小深孔中的内槽，由于孔径小，刀杆刚度差，易产生振动和让刀，不仅尺寸难控制，有时根本无法车削。若采用如图 1-63 所示的结构与形式来车削小深孔中的内槽，就能克服上述的现象，不仅操作方便，内槽的尺寸也顺利达到要求。

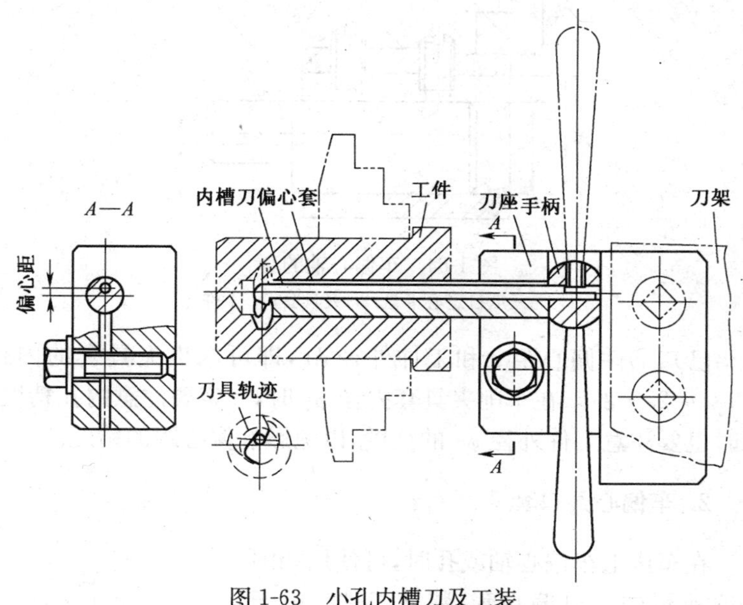

图 1-63 小孔内槽刀及工装

刀具材料为高速钢，按图所示加工好后淬火磨出。偏心套的材料为 CrWMn，也是加工好后淬火磨出，内孔和外圆分别与刀杆和工件孔配合，偏心距的大小根据工件内槽深度而定。操作时，把偏心套连刀杆伸入孔中(如图中实线状态)，到达位置后，开动车床使工件正向旋转，$v_c=15\sim20$ m/min，用手反向慢慢扳动手柄，使手柄从实线位置到点画线位置后，即可把槽车完。再把手柄扳回，即可退出刀具。完成一个工件内槽的车削加工。

第七节　偏心工件的车削

1. 车削偏心轴的套

如图 1-64 所示的套是用来车偏心轴，同时也可用来车偏心套，其装夹效率是四爪单动卡盘 10 倍左右。

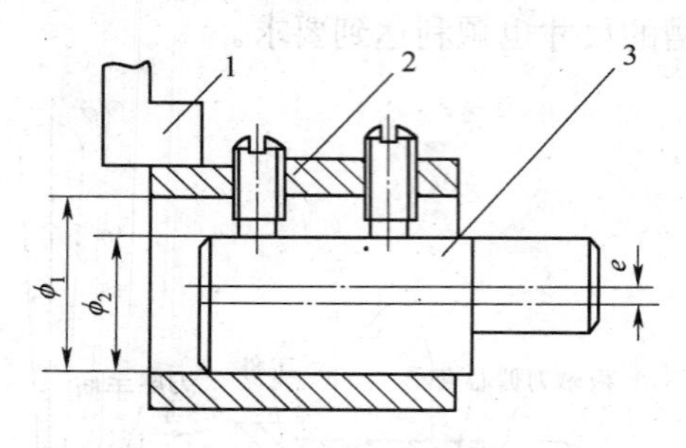

图 1-64　车偏心轴的套

1. 三爪自定心卡盘；2. 夹具套；3. 工件

已知工件偏心距 e 和工件外径 ϕ_2，即可求出夹具套的内径 ϕ_1，$\phi_1=2e+\phi_2$。在车削夹具套内径 ϕ_1 时，一定要注意内孔精度，同时也要注意工件外径 ϕ_2 的精度，以免影响偏心距的精度。

2. 车偏心开口套

在车床上车偏心轴或孔时，可使用如图 1-65 所示的开口偏心套，装夹工件。由于三爪自定心卡盘有定位误差，因此它适合于偏心距公差大于 0.1 mm 的偏心工件，并适用于成批生产，十分方便。

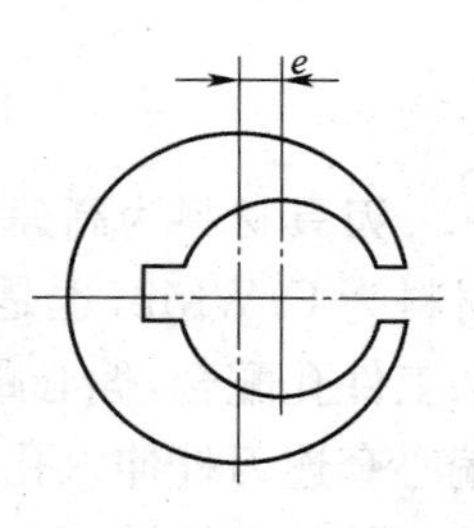

图 1-65　偏心开口套

使用时，把工件定位外圆装入偏心开口套中，用三爪自定心卡盘夹住偏心开口套外圆，最好找正偏心套的端面，以使工件轴线和偏心轴线平行，用卡盘夹紧后就可车削偏心外圆或内孔。

3. 两端同轴偏心套的车削

图 1-66 为两端同轴的长偏心套，此偏心套长度较长，两端的偏心孔在一条轴线上。为了达到此要求，就必须作一个如图 1-67 所示的专用夹具，来进行装夹和车削。

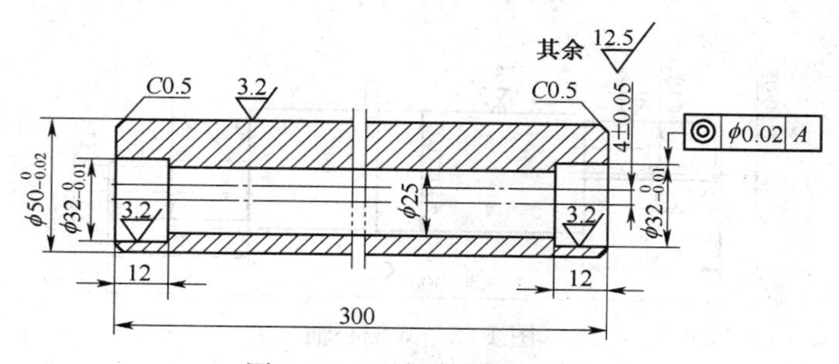

图 1-66　两端同轴偏心工件

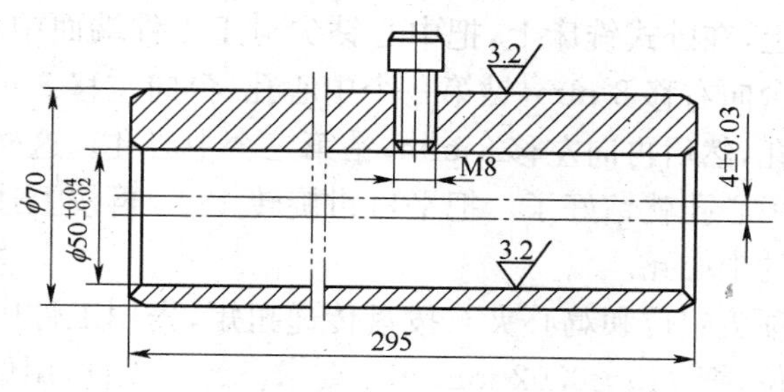

图 1-67　偏心套夹具

车削时，先把工件外圆和长度按要求车至要求。然后把工件装入偏心套夹具，并用顶丝顶紧。再把夹具套的左端用三爪自定心卡盘夹住 10 mm 左右，右端用中心架支承。先用钻头铣 $\phi25$ mm通孔，用内孔刀车 $\phi32_{-0.01}^{\ 0}$ mm 台阶孔至要求。卸下夹具套掉头，还是安装在三爪自定心卡盘和中心架上，车削另一端 $\phi32_{-0.01}^{\ 0}$ mm 孔至要求。再卸下夹具套，取出工件即可。

4. 车削双偏心轴

图 1-68 为在一个纵剖面内两端为偏心距 8±0.05 mm 的偏心轴，由于偏心轴径为 ϕ18 mm，轴中心的一组中心孔就无法钻出。只能把工件两各加长 10 mm 左右，把所有的外圆车好后，再去掉多余的长度。

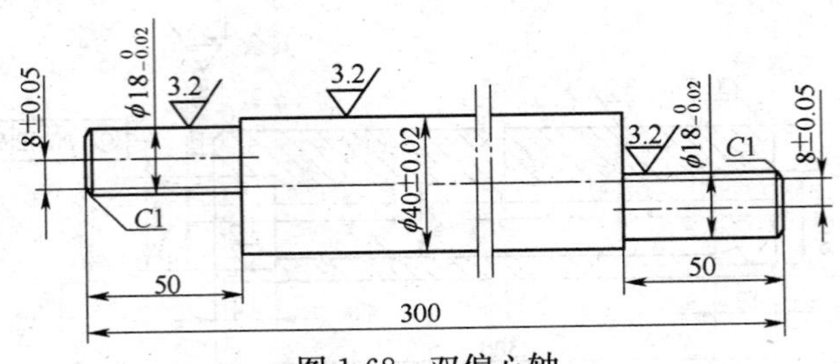

图 1-68　双偏心轴

首先将 ϕ45 mm 的棒料，加长 20 mm，车平两端面。把工件夹在平口钳上，在卧式铣床上，把中心钻尖对正工件端面中心后，用纵向工作台向右移 8 mm，钻第一个中心孔，再向左移 8 mm 钻第二个中心孔，然后再向左移 8 mm，钻第三个中心孔。这样工件一端的三个中心孔就钻好了。把平口钳旋转 180°，再按上述方法钻好另一端的中心孔。

采用双顶尖定位和鸡心夹与拨盘传递扭矩，先用工件中心一组中心孔定位，把 ϕ40±0.02 mm 车至要求。卸下工件，用偏心一组中心孔定位，用切槽刀车一端偏心 $\phi18_{-0.02}^{\ 0}$ mm 至要求，并倒角 $C1$，端面处留 8 mm 左右，以留下中心孔。再将工件卸下掉头，用另一组偏心中心孔定位，还是切槽刀车 $\phi18_{-0.02}^{\ 0}$ mm 至要求，并倒角 $C1$。最后卸下工件、鸡心夹和拨盘，换上三爪自定心卡盘，夹住工件 ϕ40 mm 外圆，车去两端多余部分，就完成了工件的车削。

5. 车削双偏心轮

图 1-69 为双偏心轮，外圆中间槽与内孔同轴，两边轮的外圆

与内孔的偏心距为 6 mm 而且对称。要车削两对称偏心外圆，需制作如图 1-70 所示的心轴。

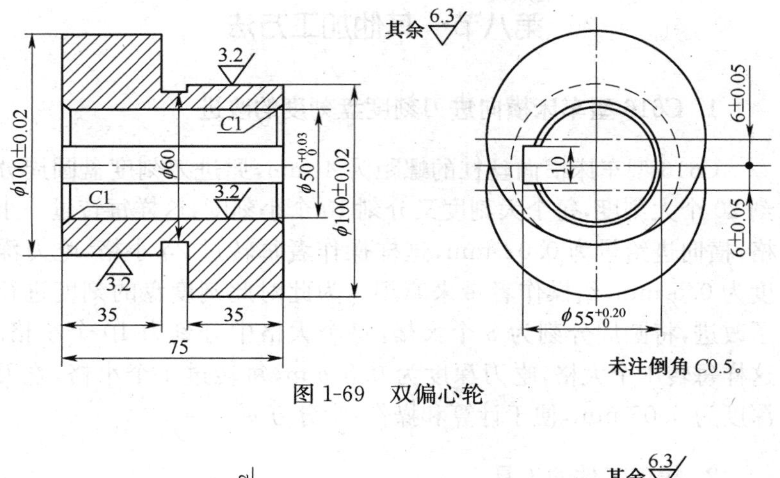

图 1-69　双偏心轮

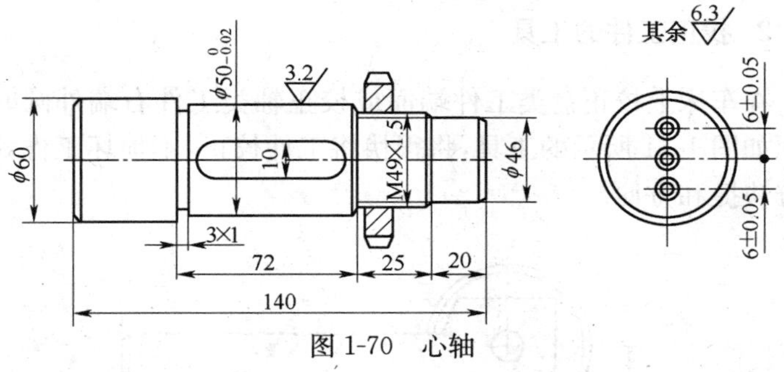

图 1-70　心轴

第一步作心轴。首先在车床上车好心轴的两端面，按照上题的方法在卧铣上钻好三组中心孔后，在车床上车好各外圆与螺纹，再划好键槽位置线，铣好键槽并配好键。

第二步车两端和内孔与切外圆槽及键槽至要求，并把外圆粗车成 ϕ114 mm，倒好内孔各角。

第三步车双偏心外圆。把工件装在心轴上，用一组偏心中心孔定位，安装在双顶尖上，用鸡心夹和拨盘传递扭矩。用 90°偏刀车一端偏心外圆至要求。卸下心轴掉头，装在鸡心夹，用一组偏心中心孔定位，车另一端偏心外圆至要求。卸下心轴取下工件，就完成了工件的车削。

第八节 其他加工方法

1. C616 型车床横向进刀刻度盘刻度的改进

C616 型车床横向丝杠的螺距为 4 mm，原进刀刻度盘圆周分刻 20 个大刻度，每个大刻度又分刻 10 个小刻度，这样每转过一小格，横向进给量为 0.02 mm，这样操作者每转过 25 小格，吃刀深度为 0.5 mm，给操作者带来麻烦。为此对此刻度盘的刻度进行了改进，将圆周分刻为 8 个大格，每个大格中分刻为 10 个小格。这样每转 1 个大格，吃刀深度为 0.5 mm，每转过 1 个小格，吃刀深度为 0.05 mm，便于计算和操作，十分方便。

2. 找正工件的工具

在车床上校正盘类工件端面或校正轴类工件右端外圆时，可采用如图 1-71 所示的工具，将很快将工件校正，不损坏工件，而且十分快捷和方便。

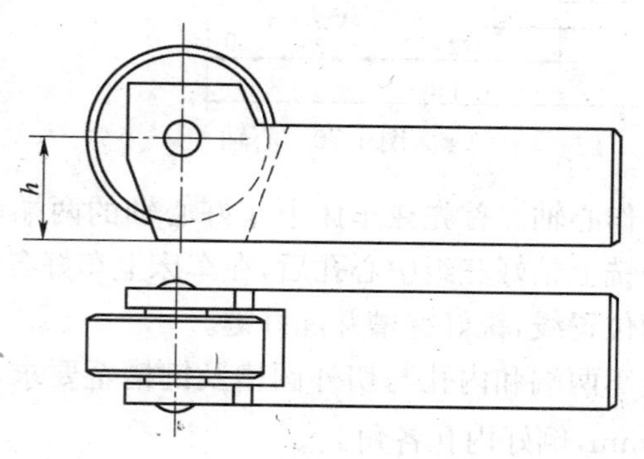

图 1-71 校正工具

为了减小工具和工件的摩擦，在工具的前端装有一个滚轮。校正时，把工具安装在车床方刀台上，使滚轮对靠在需校正而旋转轮的工件表面上，用手摇动大拖板或中拖板，待工件端面或工件外圆不跳动后，慢慢使工具滚轮离开工件表面即可。

3. 采用尺寸换算法车削O形圈模具

O形圈橡胶上模的结构如图1-72所示。它的技术要求是：上、下模直径 d 尺寸公差为 0.02 mm，O形圈的横截面直径 ϕ 尺寸公差为 0.02 mm，上下模合模后O形面位置误差小于 0.02 mm。所以在车削时难于控制尺寸和位置公差。为解决这一问题，通过实践采用尺寸换算法，取得良好的效果。

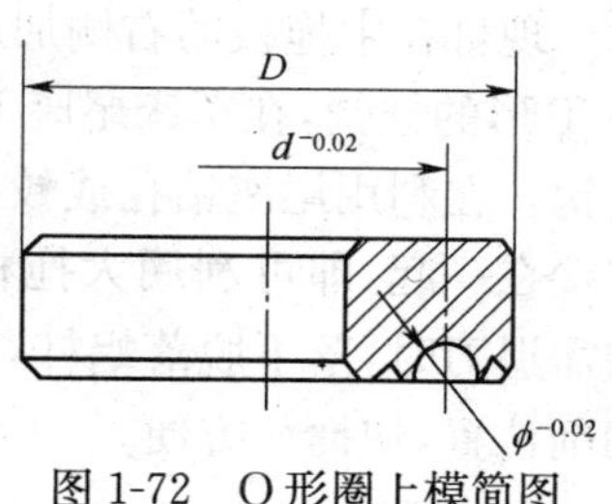

图1-72　O形圈上模简图

车削方法。先粗车好模具外圆，留 0.5 mm 左右余量，把模具端面车好。用精心磨好的O形圈成形车刀，精车好模具外圆 D，测得实际尺寸为 D_1，计算成形刀横向移动位置量 L，以保证O形圈模腔 d 的位置尺寸公差。

$$L=\frac{(D_1-d)+\phi}{2}$$

为了达到成形刀位移准确，采用量块和千分表测量横向移动量 L。车削时，要仔细控制成形刀进刀深度。

4. 主轴反转滚花好

对工件表面进行滚压网纹或直纹花，看似十分简单，可要把花纹滚压好，不乱花，也要有操作基本功和经验。在采正车滚花时，先用滚花刀的滚压轮宽度 1/3 与工件接触，用力滚压后，使花纹达到要求后，再进行走刀滚压，反复走刀两三次后，使花纹完全成型。

但开始滚花时，也往往出现乱纹或纹距小的不良现象，这时还采用上述的方法，使工件反转，就可有效地防止上述不良现象，滚压出纹路清晰的花纹来。

5. 车床尾座改为自动进给的方法

原在车床上钻孔、扩孔和铰孔时，由于没有自动进给装置，只能用手摇动尾座手轮采用手动进给，不仅操作者费力，进给也不均匀。

现可在中拖板的右侧加工一个 M16 的螺孔，在上面安装一个外 T 形的挂钩，在车床尾座下层相应的中间安装一个内 T 形槽的挂钩。在利用尾座钻孔或铰孔时，横向移动中拖板，将内、外挂钩连接在一起，即可利用大拖板自动走刀带动尾座自动进刀切削。如需退刀时，落下脱落蜗杆，手摇大拖板手轮，即可退刀或进刀到切削位置，快捷而方便。

6. 在车床上单齿分度飞切蜗轮

在没有滚齿机和蜗轮滚刀的情况下，也可以在车床上利用单齿分度飞切出蜗轮。采用这种方法加工出的蜗轮，它的齿为螺旋面，易于和蜗杆啮合，比用铣床采用盘状齿轮铣刀铣出的好许多。加工方法如图 1-73 所示。

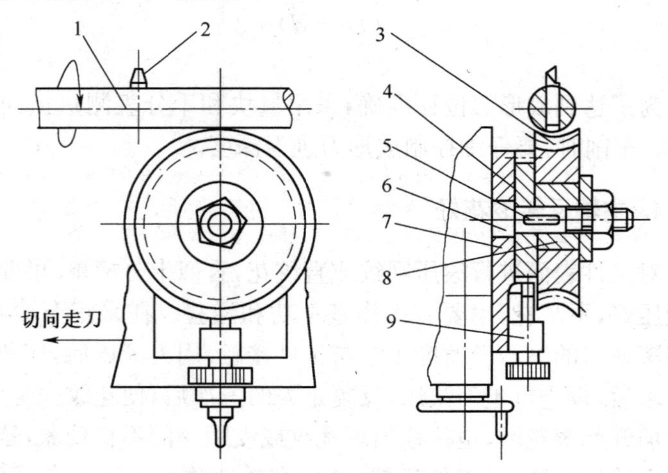

图 1-73　在车床上加工蜗轮

1. 刀杆；2. 刀头；3. 蜗轮；4. 分度齿轮；5. 键；6. 中心螺杆；7. 底座；8. 定心套；9. 定位销

加工时，卸下车床上的小拖板，在上面安装一个底座，再在它的上面用中心螺杆安装一个与蜗轮齿数相同的分度齿轮和蜗轮，并用垫铁调整好蜗轮高度中心与车床主轴中心等高，在车床主轴上安装一个刀杆和刀头，刀杆的直径应于蜗杆的齿根圆直径，刀头的旋转直径应为蜗杆的齿顶圆直径 $d_{a1}+m0.2$，刀尖宽度和形状按蜗轮的要求与蜗杆的种类磨出。然后把进刀箱手柄扳到蜗杆导程一样。这样就和车蜗杆一样，用中拖板横向吃刀，大拖板挂上丝杠走刀，通过多次吃刀和走刀后，加工好蜗轮一个齿，再拔出定位销分度加工第二齿，就这样直至把蜗轮全部齿加工完。为了减小切削的振动，刀杆右端应用尾座顶尖支承。这种方法虽简而易行，但由于展成面是由数量较少的包络线组成，因此齿面较粗糙。

7. 不用停车三轮滚花

在车削加工中，有的工件需要滚花。在一般情况下，滚花只作一个工步，在车削过程中进行。在成批生产时，可作为一个工序，在工件其他表面车削后进行。为此制作了如图 1-74 所示的不用停车的三轮滚花装置。

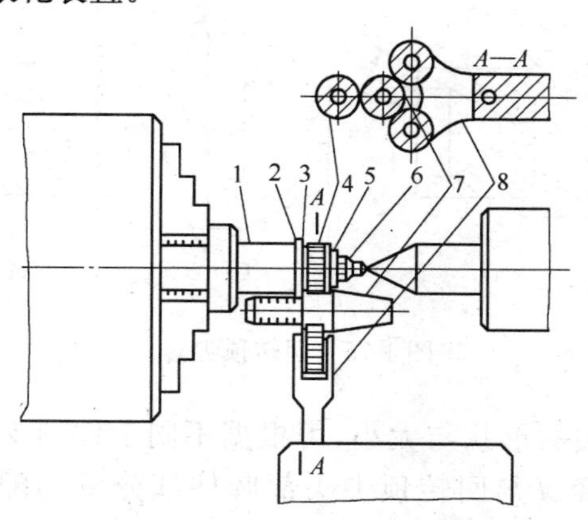

图 1-74　不停车三轮滚花

1. 心轴；2. 定位片；3. 尺寸垫片；4. 滚花轮；5. 垫片；6. 螺母；7. 工件；8. 双轮滚花刀。

不停车三轮滚花的方法很简单，首先在车床上车一个心轴 1，在上面安装一个滚花轮 4 和轴向定位片 2，用垫片螺母 6 紧固，再在方刀台上安装一把双轮滚花刀。安装时双轮间的中心与车床主轴中心等高，工作面与车床纵向平行，并使三个轮在轴向同一平面内。滚花时，只需开动车床把工件放在三轮中间，中拖板进刀施加一定压力后，使工件上的花纹清晰，用中拖板退出双轮滚花刀，完成了工件的滚花加工。滚第二件时，只需把工件放在三轮之中，重复上面的操作步骤即可。

尺寸垫片和定位片，可控制滚花位置与轴向尺寸，防止工件向车头方向移动。滚花时如工件向车尾方向移动，这时将双轮滚花刀略微向车头方向倾斜。

8. 扩大回转顶尖使用的范围

为了扩大回转顶尖（即活顶尖）在车床上的使用范围，以适应不同工件的加工需要，为此制造了如图 1-75 所示的不同顶尖套，经在生产中长期使用，效果很好。

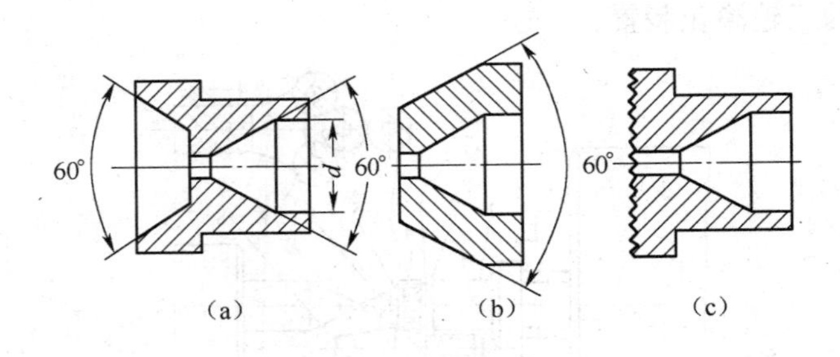

图 1-75　回转顶尖套

回转顶尖的形状与大小，可根据不同工件的支顶要求来设计制作。孔径 d 与回转顶尖头部圆柱部分滑动配合，60°内锥孔与顶尖 60°外锥面相吻合。使用时，将所需要的顶尖套装在回转顶尖头部，即可像使用回转顶尖一样使用，十分方便。

9. 采用挤压法加工滚花刀的轮齿

一般加工滚花刀上滚压轮齿，通常是在铣床上按铣斜齿轮的方法挂轮分度铣出。为了提高加工效率，也可在车床上采用挤压成形加工，如图 1-76 所示。

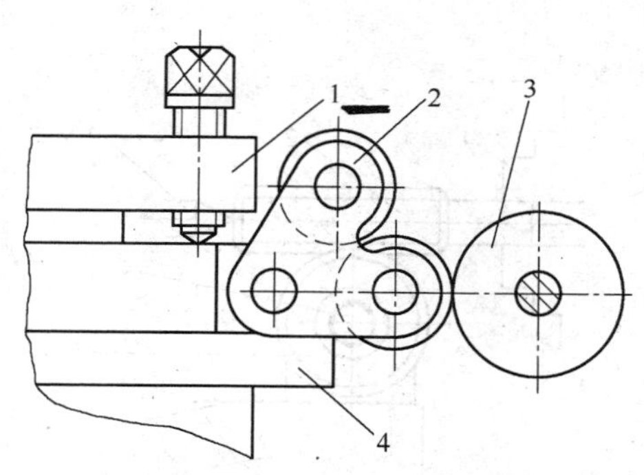

图 1-76　挤压加工滚花轮

先将要挤压的滚花轮外圆车好，右端用回转顶尖顶上。再选用所需纹距、花纹完好的双轮滚花刀，按图 1-45 所示安装方法装在方刀台上，对工件进行滚压。滚压时，使用充足的润滑液，待纹路清晰、花型完整即滚压加工完，再钻铰内孔和倒角切下，进行淬火，安装在滚花刀杆上即可使用。采用这种方法加工的滚花刀轮齿，不仅使加工效率提高了几十倍，而且在使用中不易崩齿，其耐用度也大幅度提高。

10. 在车床上滚削小蜗轮

一般模数 $m<1$ 的小蜗，在没滚齿机和蜗轮滚刀的情况下，可在车床上利用土制的滚刀加工出蜗轮。

首先根据被加工材料选用滚刀材料。如蜗轮材料是铜、尼龙和塑料，可选用 45 钢或工具钢；若蜗轮材料是铸铁，可选用合金工具钢或工具钢。再根据蜗轮的模数、螺旋角方向及该蜗杆的参数车削一个蜗杆，用铣床铣削出垂直螺旋角方向的容屑槽或平行于轴线的直槽。然后钳工用什锦锉锉出后角，最后进行淬火，即可使用。

其次在车床方刀台上制作一个支架，用于安装蜗轮，其位置使蜗轮轴向中心与车床旋转中心等高，并能在图 1-77 中心轴中旋转，以达到滚刀旋转时，带动蜗轮在滚刀螺旋角的作用下被动作分齿旋转。

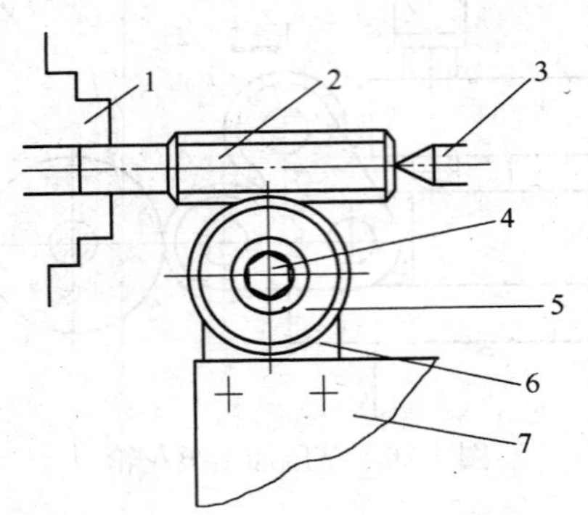

图 1-77　在车床上滚蜗轮示意图

1. 卡盘；2. 滚刀；3. 尾座顶尖；4. 中心轴及螺母；
5. 蜗轮；6. 支架；7. 方刀台

滚削时，自制蜗轮滚刀以 $v_c < 5$ m/min 的速度旋转，用中拖板吃刀，使蜗轮接触旋转的刀具，因刀具有螺旋角，在切削力的作用下，带动蜗轮绕中心轴旋转进行切削。蜗轮每转一转，移动中拖板进刀，直至切够应有的深度为止。

采用此种方法，不仅可以加工蜗轮，如把支架改成能垂直进给的结构，还可以加工小齿轮。

11. 三爪自定心卡盘夹持工件粗调的方法

用三爪自定心卡盘装夹大工件时，最好先将卡盘爪预调到比工件直径 d 略大一点的直径，以便于使工件伸入卡爪内。卡爪张开的直径可用相邻两爪的距离 D 来判定，如图 1-78 所示。相邻两爪的距离 $D = d\cos 30° = 0.866d$，这样就达到要求了。

12. 三爪自定心卡盘装夹方料的方法

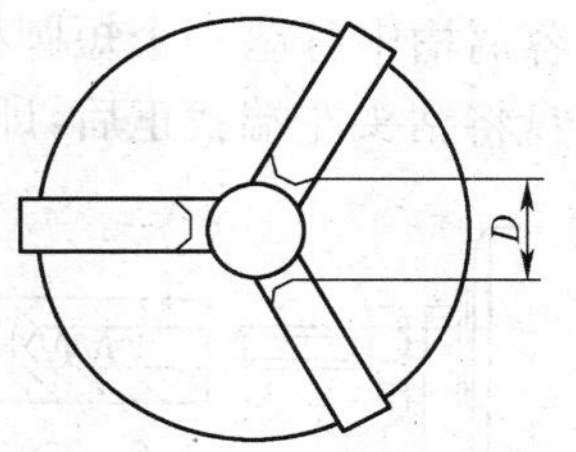

图 1-78　三爪自定心卡盘张开大小的测量

三爪自定心卡盘主要用于装夹圆料和被 3 能整除的多边形棒料。当装夹被 3 不能整除的多边形料时，一般不能自动定心。若要用三爪自定心卡盘装夹，又要使工件中心和卡盘中心重合，可制作一个内径等于或略大于多边形外接圆的开口套，套长为40～60 mm，壁厚为 8～10 mm，如图 1-79 所示。把套套在工件上，就可以用三爪自定心卡盘装夹了。

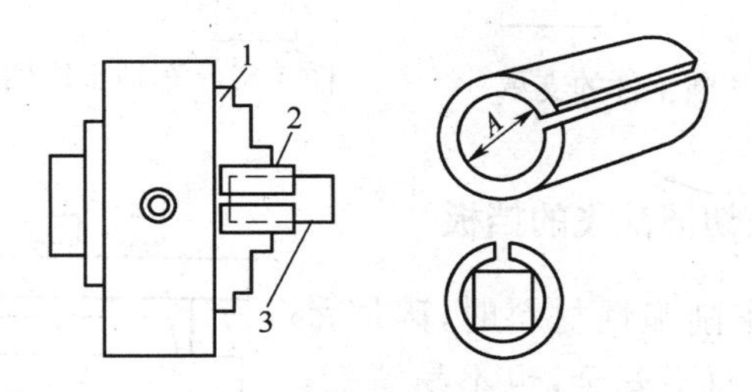

图 1-79　用三爪自定心卡盘装夹四方工件

1. 卡盘；2. 开口套；3. 工件

13. 工件切断时支承的方法

如图 1-80 所示，工件 1 在切断前手摇车床尾座手轮，使尾座套筒内的支承套 2 套在工件上，使工件在切断时得到支承，当工件切断后，由弹簧 3 弹出。这样切断下的工件，基本上不留茬。

14. 车削麻花钻头锥柄的装夹方法

有时需要对麻花钻头的锥柄进行车削，由于钻头有对称两条容屑槽，不能用三爪自定心卡盘装夹。用四爪单动卡盘装夹时，又怕伤了钻头刃带。为了避免上述情况，可采用如图 1-81 所示用四爪单动卡盘的两个爪夹在钻头 2 的位置上，在另外相对的两爪钻头容屑槽中各垫一个短圆柱 1，钻头 2 的右端用尾座顶尖支承，用卡盘将钻头左端找正后，即可对钻柄进行车削。

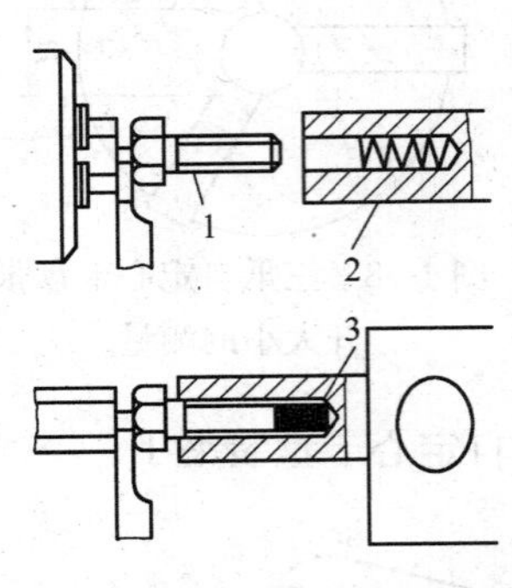

图 1-80　切断工件的支承

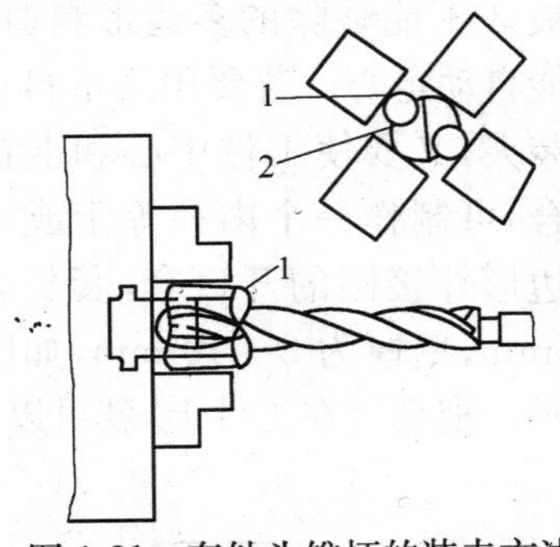

图 1-81　车钻头锥柄的装夹方法

15. 防止切屑乱飞的挡板

在高速车削脆性材料时，碎屑乱飞，容易伤人而不安全，也不易清扫。这时可按如图 1-82 所示，用铁片做一个宽约 25 mm，长约 80 mm 的挡板，压在车刀上，留一定的容屑空间，挡住切屑乱飞伤人。

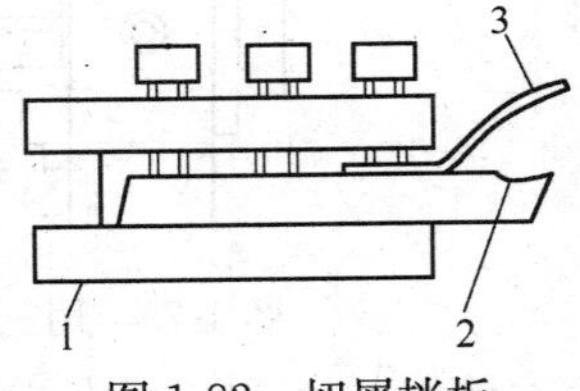

图 1-82　切屑挡板

1. 方刀台；2. 车刀；3. 挡板

16. 用砂布帮助润滑中心架的方法

当用没有滚动轴承为支承的中心架时，工件在高速旋转下摩擦生热膨胀，会造成中心架支承爪拉伤工件。为了防止拉伤工件外圆和改善润滑，可用一长条砂布，在砂布背面涂上润滑脂，按如图 1-83 所示将砂布有磨料的一面朝外，垫在中心架支承爪和工件外圆之间，把砂布两头合起来固定在中心架结合部，即可在工件高速旋转下，保持润滑，防止拉伤工件。

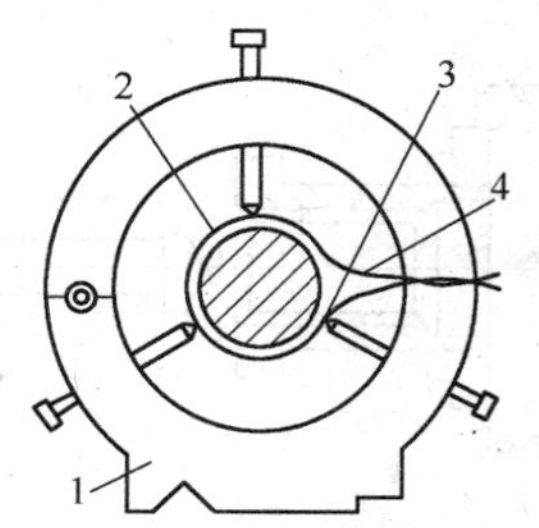

图 1-83 用砂布帮助润滑中心架

1. 中心架；2. 砂布；3. 润滑脂；4. 砂布固定

17. 车削盘类工件外圆夹持方法

对一些厚度较小而不便于用卡盘装夹的盘类工件需车削外圆时，按如图 1-84 所示的装夹方法夹持。它是用一个支承盘 1，顶盖 4，用回转顶尖 3，将工件 2 挤压在它们之间，利用顶压的摩擦力，就可对工件外圆进行正常的车削。

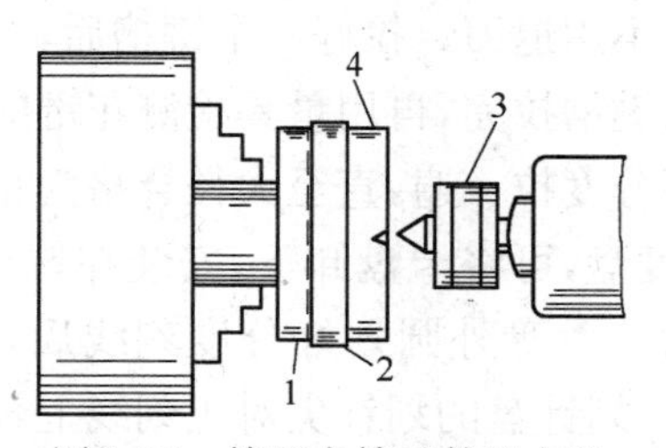

图 1-84 挤压夹持工件的方法

18. 在车床上拉花键孔

精度较高的花键孔，是用拉刀和拉床拉出来。也可用插床和成形插刀插出来。但加工精度较低，在没有上述条件的情况下，花键孔也可在车床上分度单刀拉出来，如图 1-85 所示。在卡盘法兰盘颈 2 上安装一个分度盘 1 和固定在车床大导轨上分度定位销 8，工件 3 安装在卡盘中，在方刀 5 上装夹刀杆 4，并在刀杆上装夹成形刀头 6。在分度盘 1 和卡盘颈部 2 用键 7 定位，防止分度盘转动。

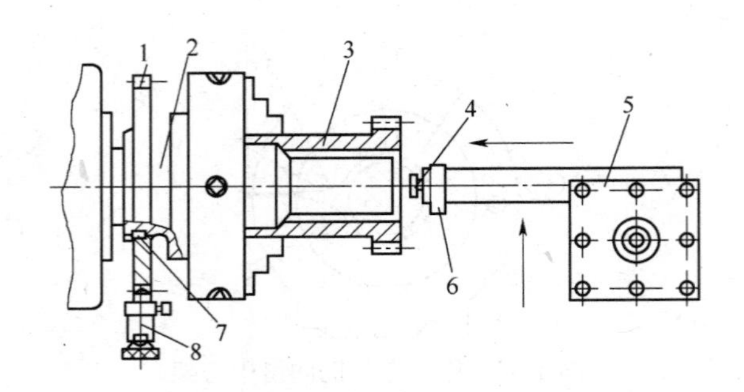

图 1-85　在车床上拉花键孔

拉削前，用刀垫调整刀杆的高低，使刀头宽度的中心与工件中心等高。拉削钢件时，$\gamma_P = 15°$左右，$a_P = 4° \sim 6°$不宜大，否则拉削时会产生扎刀。刀头宽度应大于花键轴宽度 0.02～0.05 mm。拉削铸铁或铸铜时，γ_P 可小一些。

拉削时，用手摇大拖板手轮走刀，用中拖板横向吃刀，并控制键槽深度，返程时不用退刀。拉好一个键槽后，再分度拉第二个键槽，直至把所有的键槽拉完，再用量具检测花键的大径。若大径还有余量，就再从新分度拉一遍，直至大径合格为止。

假如没有分度盘，可将卡盘卸下，安装在铣床分度头上，按工件的键数，在卡盘法兰盘外圆划好分度刻线后，再装在车床主轴上，夹好工件，用一划针盘的划针尖对正刻线上，拉好一个键槽后，手扳动卡盘，使划针尖对正第二条分度刻线，拉第二个键槽。就这样拉完所有键槽为止。

19. 自动定心滚花工具

在一般的情况下，车床上进行滚花并不难。但是滚压力较大，容易使一些小直径的工件产生弯曲，特别是批量生产时更为突出。为此，就设计如图 1-86 所示的三轮自定心滚花工具。

使用时，把支架 2 用装跟刀架的螺钉固定在车床床鞍上，再根据工件被滚花部位的直径进行调整，使其刀体 8 向前移动时，两滚

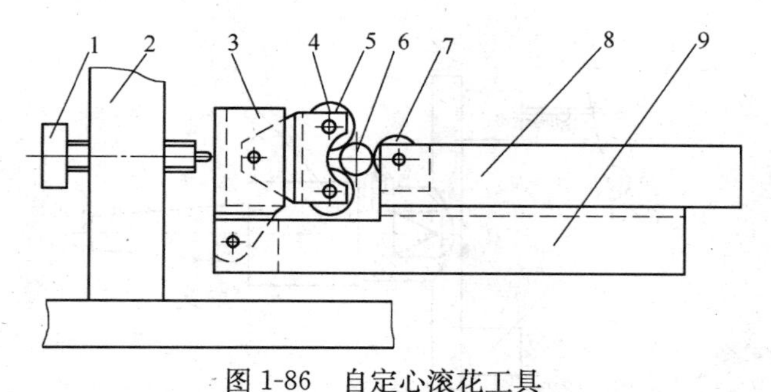

图 1-86　自定心滚花工具

1. 调节螺钉；2. 支架；3. 杠杆；4、7. 滚花轮；5. 滚轮支架；
6. 工件；8. 刀体；9. 可调底座

花轮 4 也同时压向工件，进行滚花。

20. 巧用松紧带消振

车削较大直和壁薄铜套内孔时，精车内孔极易产生振动，影响工件内孔表面质量。为了提高内孔车削质量，解决车削内孔时的振动问题，可根据工件外径大小，把松紧带套在工件外径上，然后进行精车内孔。因为松紧带是一种弹性体，相当于是一个阻尼减振器，利用阻尼消耗能量，减小其振幅，以达到减振和消振的目的。因此有效地防止车削时的振动，保证了车削的质量。

21. 尾座上的找正工具

如图 1-87 所示，此工具是在车床尾座回转顶尖上安装一个特制的圆盘，在盘的端面上，吸上一个磁力表座，再在表架上装一个百分表，并在表座相对的一侧装一块平衡块。此找正工具用于在车床上利用中心架支承工件时，利用调整中心架的托爪找正工件与车床尾座套筒中心同轴。

找正时，工件不转动，把百分表的测头触到用中心架支承的工件外圆或内孔上，用手转动圆盘，找正工件是否与车床尾座套筒同轴。如测出有偏差时，即百分表的读数不相同，这时可调整中心架

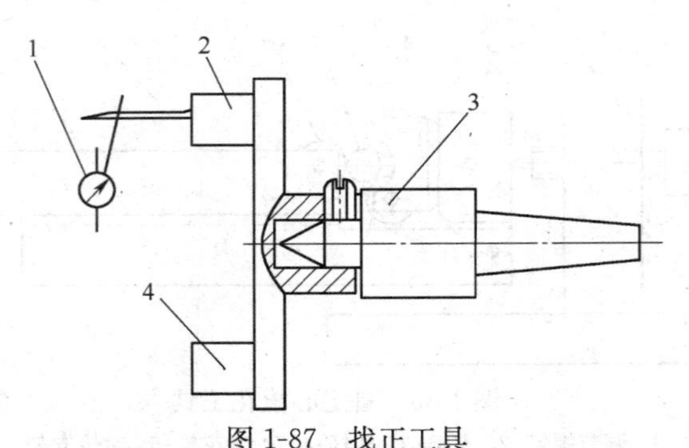

图 1-87 找正工具

1. 百分表；2. 磁力表座；3. 回转顶尖；4. 平衡块

的三个支承爪，直至达到圆盘转一周百分表的读数相同或在允许的范围内。

22. 在车削加工中，还常用哪些配方的切削液

在长期的实践中，为了解决一些难切削材料的加工问题，提高加工质量和刀具耐用度，常采用下列配方的切削液，效果很好。

(1) 70％机械油＋30％煤油，用于一般材料的光刀和铰孔。

(2) 二硫化钼和锭子油或机械油混合后，可用于钢件攻丝。

(3) 将 3％亚油酸钠＋2％碳酸钠用少量的热水混合后，然后将 1％的 30 号机械油＋0.5％乙醇混合后，用余量的水稀释，可用于切削不锈钢。

(4) 10％铅油或红丹粉＋90％的 30 号机械油，可用于强力粗车蜗杆；用 20％四氯化碳＋80％煤油，用于精车蜗杆。

(5) 用酒精稀释蓖麻油，可用于纯铁的切削。

(6) 铰不锈钢孔时，用 80％硫化油＋20％四氯化碳，可提高工件表面质量和刀具耐用度。

(7) 用四氯化碳＋煤油，可提高钻模具钢小孔的钻头耐用度 6 倍以上。

(8) 用 0.6％三乙醇胺＋0.6％氯化脂肪酸＋0.8％亚硝酸钠＋10％聚氧乙烯醚＋余量水，切削钛合金。

(9) 用蒸馏水或酒精作切削液，切削橡胶，可防止橡胶变形，也可用于切削工程塑料。

(10) 为了提高切削高温合金刀具耐用度和降低切削温度，可用7%～10%葵二酸＋5%亚硝酸钠＋7%～10%三乙醇胺＋7%～10%甘油＋余量水。

(11) 攻不锈钢螺纹，可用二硫化钼油膏或猪油、石墨用植物油和成糊状作切削剂，效果显著。同样也可用于高温合金。

23. 在车床上研磨工件

对于精度和表面质量要求高的工件，可以在车床上进行研磨。研磨时，除了研磨剂、研具材料和研磨液的合理选择外，正确选择研具，对保证研磨质量十分重要。

(1) 研磨工具。一般孔的研具长度要大于孔长的2/3，对于长而大的孔，研具的工作长度为孔长的1/3～1/4。研具的工作部分应车有正反螺旋槽，以储存磨料和润滑液，使研具或工件轴向往复移动时省力。研具又分整体式和可调式两种。一般研具的材料，有铸铁、铜和软钢。

1) 研磨小孔的研具。如图1-88所示，在研磨孔径ϕ0.3～ϕ3 mm小孔时，可采用直径小于0.01 mm的钻头柄或铜、铁丝束研磨。对于孔径为ϕ3～ϕ10 mm时，采用黄铜或纯铜车成研磨棒进行研磨。

2) 可涨式研磨工具。如图1-89所示，研具的材料为灰铸铁，它的内孔与心轴的锥面配合，研磨套在轴向一侧开一通槽，以便于在它外圆磨损后，进行轴向移动，使研磨套恢复应有的外圆尺寸，延长其使用寿命。研磨套的外径应比工件孔径小0.01～0.03 mm。

3) 台阶孔研磨工具。如图1-90所示，若工件为台阶孔，又要求同轴，就将研磨工具车成整体台阶研磨棒，同时研磨两孔。

4) 外圆研磨工具。此工具可分为套式和板两种。广泛采用套式研磨工具，如图1-91所示。材料为灰铸铁，其长度为工件长

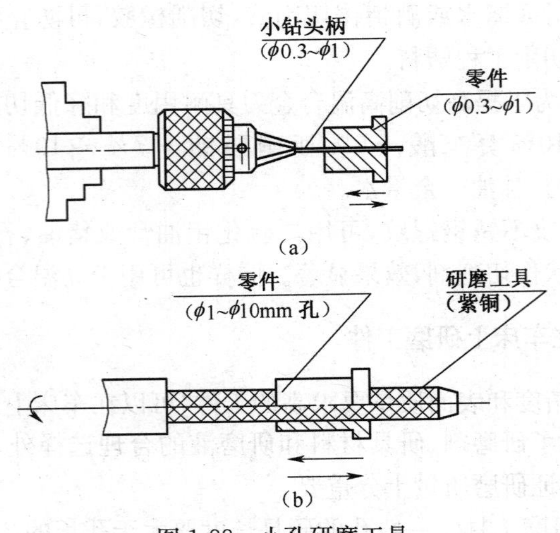

图 1-88　小孔研磨工具

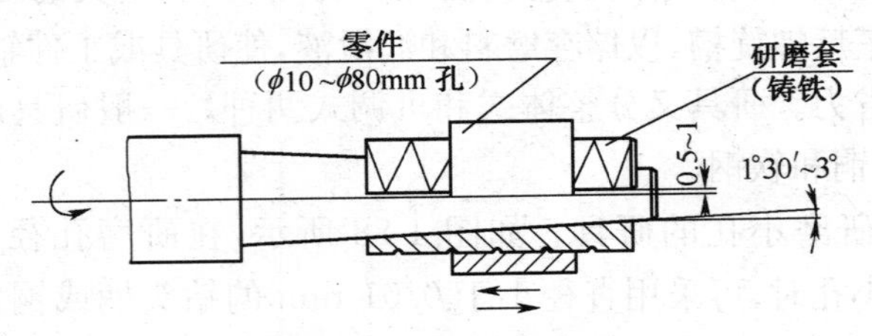

图 1-89　可涨式研磨工具

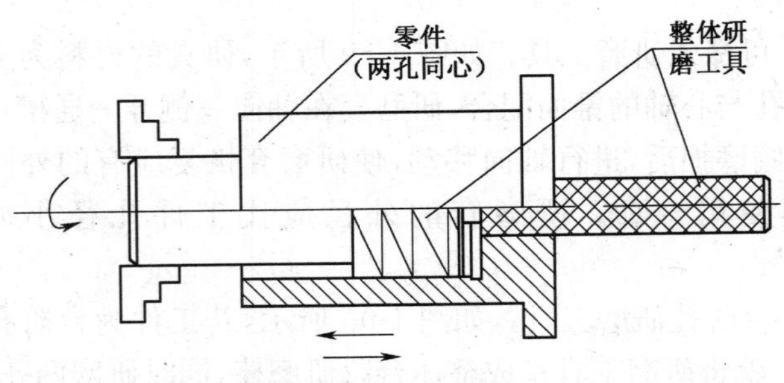

图 1-90　研磨台阶孔工具

的 1/2，孔径比工件外径大 0.02～0.04 mm，在孔壁上车削出正反螺旋槽，以利于储存磨料和润滑液。研磨时，工件旋转，研磨套在轴上轴向往复移动。

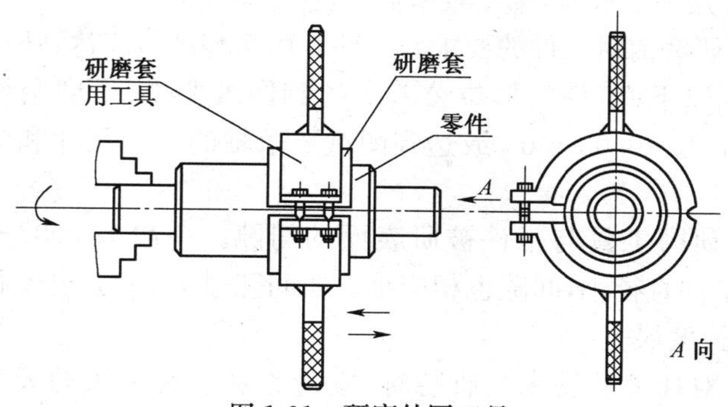

图 1-91　研磨外圆工具

板式研磨工具，主要用于精研，它不能改变工件原有圆度。它是一块长约 200～300 mm、宽约 80 mm、厚约 15 mm 的灰铸铁平板，经磨削后，在上面涂上研磨剂，用双手拿住对工件外圆研磨。

(2) 研磨用的磨料。研磨一般钢材工件时，应选刚玉类磨料；研磨铸铁、硬质合金、宝石、陶瓷等硬脆材料工件时，应选碳化硅、碳化硼磨料；研磨硬质合金、陶瓷、宝石、光学玻璃，应选用硬度最高的金刚石磨料；研磨淬火后的高速钢、模具钢，最好选用立方氮化硼磨料。

(3) 研磨膏。在车床上研磨常用的是研磨膏。它是将油酸、混合脂(或凡士林)加热到 80℃～100℃，搅成混合液，待冷却至 60℃～80℃时，逐渐加入磨料微粉，不断搅拌至无沉淀为止，再加入少许煤油，继续搅拌成半软膏状即可使用。磨料微粉的粒度 W40～W0.5，数字大的粒径大(单位 μm)，可相应研磨后的表面粗糙度值为 Ra0.4～0.006 μm。研磨膏除自己配制外，也可以从磨具商店买到。

(4) 研磨压力与速度。研磨时的压力为 5～30 MPa，不要用力过大，当超过 30 MPa 时，反而不好。精研时，取小的压力。研磨速度为 10～20 m/min。工件材料硬度低和精度高时，应取小值。

(5) 研磨的要求。在车床上进行研磨,大多数是单件或少量生产,多是手工操作,生产效率低,应注意以下要求。

1) 研磨前对工件的要求。工件表面粗糙度值应达到$Ra3.2$～1.6 μm以下;工件的形位公差应达到图纸要求;研磨余量应为$2ap=0.05$～0.03 mm,或达到图纸要求轴的最大尺寸和孔的最小尺寸。

2) 研磨工具与工件被研表面的间隙。一般为0.02～0.03 mm。工件直径小,间隙也相应小。如间隙过大,就会出现孔的圆度和圆柱度误差。

3) 对环境的要求。研磨时,应避免灰尘和刮风的天气。研具、研磨液(剂)、工件必须干净,以避免灰尘等杂物划伤工件。

4) 研磨工步。对于高精度和表面质量要求高的工件研磨,要分粗、半精和精研。改换工步时,要用煤油将研具、工件和其他用具清洗干净后,进行下一工步,以免产生疵病。

24. 在车床上进行旋压成形加工

旋压成形加工是在车床上进行的一种无切屑加工方法之一,它主要用于薄壁回转体工件。其原理是:薄壁坯料一般在冷态下,利用随车床主轴一起旋转的心轴(模型)和沿心轴相对移动的弧形旋压轮,对薄壁坯料施加一定的压力,使其坯料发生形状变化,逐步形成所要求的空心回转体工件。因此,它特别适用筒形、锥形、半球形、曲线形等回转体空心薄壁件的加工。它具有成形加工工艺简单,节省材料,其效率是切削加工的几十倍以上。

旋压成形基本上分为两类:一类是壁厚不变旋压,如筒形工件旋压;另一类是壁厚变薄旋压,如锥形工件旋压。

旋压成形的方法,以材料的塑性状态来分,有冷旋法和加热旋法(适用于坯料较厚);以收口成形操作来分,有靠模法和双手控制法;以旋压轮数量来分,有单轮法、双轮法和多轮法;以旋压轮的走向和金属流动方向来分,有正旋法、反旋法和锥旋法。如图1-92

所示为工件壁较厚的加热旋压加工。如图 1-93 所示为旋压时金属流向和旋压轮走向示意图。

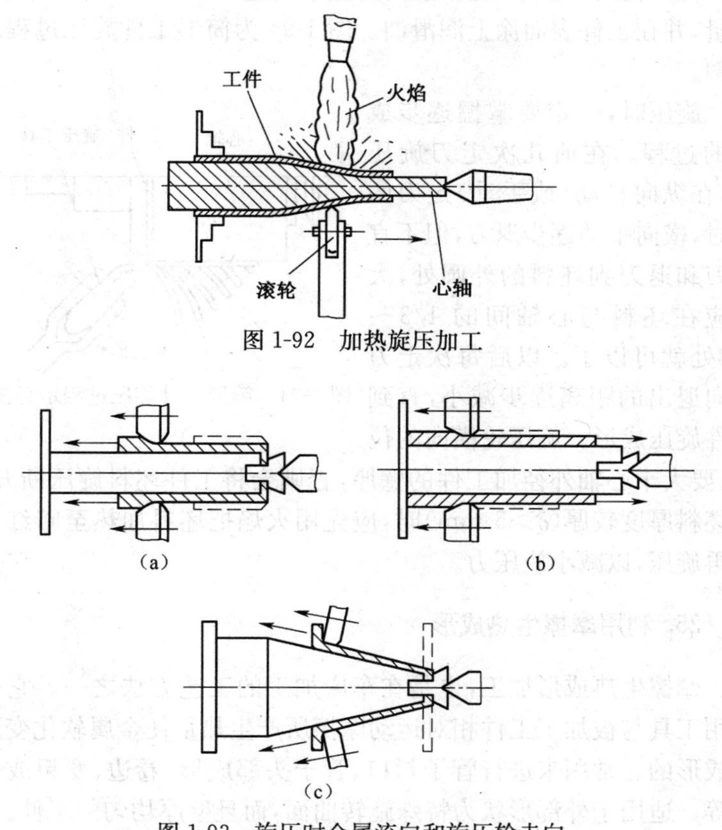

图 1-92　加热旋压加工

(a)　(b)　(c)

图 1-93　旋压时金属流向和旋压轮走向

(a)正旋压;(b)反旋压;(c)锥旋压

旋压成形的主要工具是心轴和旋压工具,旋压工具由旋压轮(一定形状的淬火滚轮)和支承部分组成。它的结构一般与滚压工具相同只不过是旋压轮与工件表面的接触以 30°为佳,凸头半径以 2 mm 为宜。心轴按成形方法选用结构形式,以便于装卸工件,其形状、尺寸与工件内腔相同。坯料一般为圆形的板料,其直径与工件大小成正比。

一般的工件，旋压走刀次数在四五次以上才能逐步成形。如果次数少了或一次走刀成形，工件坯料会出现皱折，而使工件报废。为了提旋压效率，应采较高的主轴转速和 0.5～1 mm/r 的进给量，并在工件表面涂上润滑油。图 1-94 为筒形工件旋压过程示意图。

旋压时，一定要掌握逐步成形的过程。在前几次走刀旋压时，在纵向自动（或手动）走刀的同时，横向手动逐步退刀，但不宜走刀和退刀到坯料的外圆处，大约应在坯料与心轴间的 1/3～2/3处就可以了。以后每次走刀横向退出的距离逐步减小，直到工件旋压成形。旋压轮横向的位置，要大于心轴外径加工件的壁厚，否则会将工件坯料旋压断开。当坯料厚度较厚（$\delta>5$ mm）时，应先用火焰把坯料加热至暗红色后再旋压，以减小旋压力。

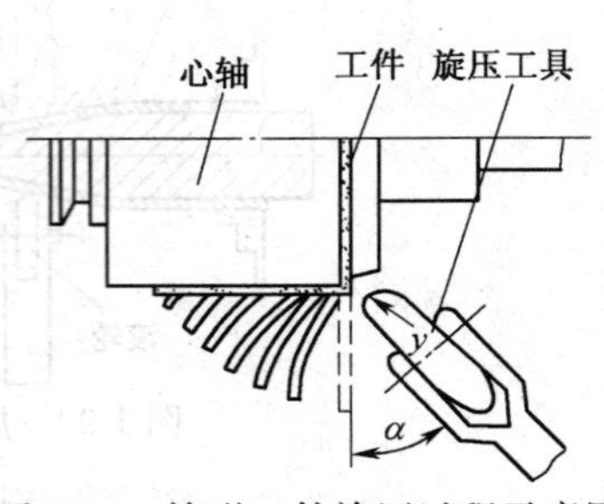

图 1-94　筒形工件旋压过程示意图

25. 利用摩擦生热成形

摩擦生热成形加工，也是在车床加工的工艺方法之一。它是利用工具与被加工工件相对运动摩擦所产生热量使金属软化变形而成形的。常用来进行管子封口、管子头部成形、卷边、变粗或变细等。适用于外部形状为特殊施转曲面，而且壁厚均匀的工件。

所采用的工具如图 1-95 所示。它是采用硬质合金车刀改磨而成，前角 $\gamma_o=0°$，后刀面的上部磨成 $\alpha_o=-4°\sim-3°$，下部磨成正常要求的后角，刀刃形状和工件要求的形状一样，如图 1-93(a) 所示。

加工时，将工具安装在车床方刀台上，刀刃高于工件旋转中心。将工件安装在车床卡盘上，并进行高速旋转，再将工具用力靠在工件上，待它们之间摩擦生热使工件头部变红，再横向进给使工

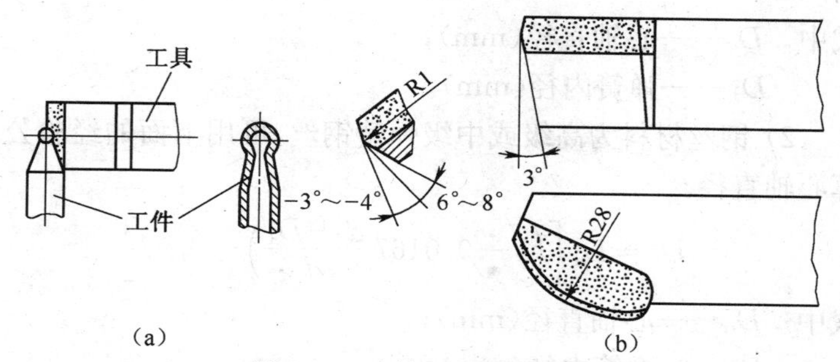

图 1-95　摩擦生热成形工具

(a)管子成形工具;(b)管子封口工具

件成形。

26. 在车床上绕制弹簧

(1) 螺旋弹簧的种类与各部分名称。螺旋弹簧一般有圆柱形、锥形和橄榄形三种,如图 1-96 所示。各部名称有钢丝直径 d、弹簧大端内径 D、弹簧内径 D_1、弹簧节距 t。

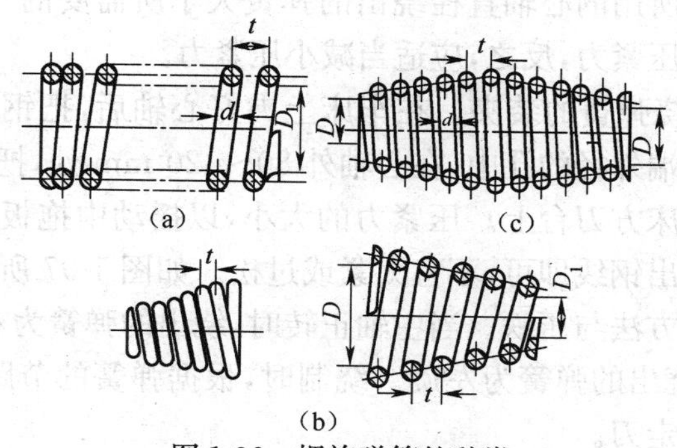

图 1-96　螺旋弹簧的种类

(a)圆柱形;(b)锥形;(c)橄榄形

(2) 绕弹簧心轴。绕圆弹簧的心轴直径计算,可按下面两种情况计算。如果以弹簧内径定位,采用大值;若以弹簧外径定位,采用小值。

1) 精度要求不高的弹簧,可采用简便的经验公式计算

$$D_o = (0.7 \sim 0.8) D_1$$

式中　D_o——心轴直径(mm)；

D_1——弹簧内径(mm)。

2）钢丝材料为高级或中级弹簧钢丝,可用下面的经验公式计算心轴直径。

$$D_o = D_1 \left[\left(1 - 0.0167 \frac{d + D_1}{d} \right) \pm 0.02 \right]$$

式中　D_o——心轴直径(mm)；

D_1——弹簧内径(mm)；

d——钢丝直径(mm)。

式中±0.02 系数的选取原则。当用中级钢丝时,$d<1$ mm,取－0.02；$d>2.5$ mm 时,取＋0.02；当用高级弹簧钢丝时,$d<2$ mm,取－0.02；$d>3$ mm,取＋0.02。除此以外,$d=1\sim1.5$ mm时,心轴系数可不予考虑。

冷绕弹簧成形后,当剪断钢丝或松开钢丝的压铁后,由于钢丝的弹性作用,弹簧的内、外变大,此变大量与压铁对钢丝的压紧力有关。如所用的心轴直径绕出的弹簧大于所需要的直径,可增加对钢丝的压紧力,反之,应适当减小压紧力。

(3) 绕弹簧的装夹。在车床上夹好心轴后,把钢丝的端部插入心轴一端外径的孔中,在心轴外 80～120 mm 处,把钢丝用压铁装夹在车床方刀台上。压紧力的大小,以摇动中拖板手柄移动中拖板能拉出钢线即可,不宜太紧或过松。如图 1-97 所示为绕制圆柱弹簧的方法与压铁。当主轴正转时,绕出的弹簧为右旋；当主轴反转时,绕出的弹簧为左旋。绕制时,根据弹簧的节距,使车螺纹一样进行走刀。

(4) 其他弹簧的绕制

1）绕制圆锥形弹簧时,需车削一根锥形心轴,其直径尺寸也用上述公式算出。心轴外圆上车有圆弧形与弹簧节距相同的螺旋槽,如图 1-98 所示,绕制方法与上述相同。

2）绕制橄榄形弹簧时,需用一根心轴和在心轴上装一套大小

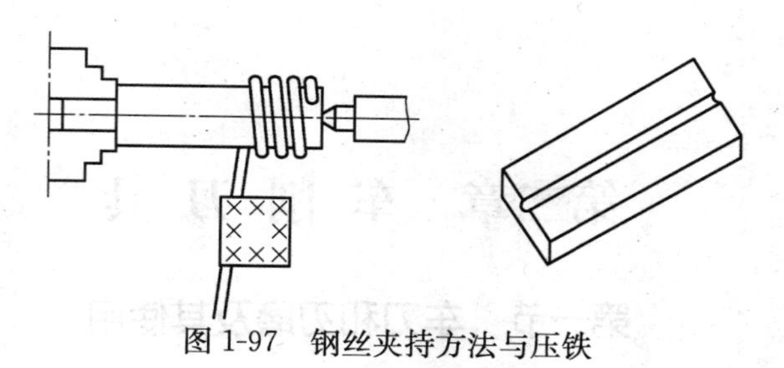
图 1-97　钢丝夹持方法与压铁

直径不同的垫圈，直径大的装在中间，两边装上直径逐步减小的垫圈，垫圈厚度等于弹簧节距，并用螺母固定，如图 1-99 所示。绕制方法与上相同。绕制好后，松开螺母，抽出心轴，并适当拉长弹簧，这时垫圈从弹簧缝中落出即成。

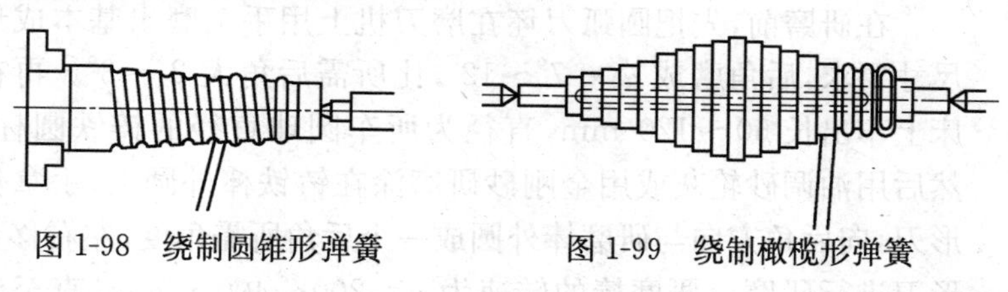
图 1-98　绕制圆锥形弹簧　　图 1-99　绕制橄榄形弹簧

第二章　车 削 刀 具

第一节　车刀和刃磨及其使用

1. 用铸铁棒研磨球面成形刀

采用铸铁棒在车床上研磨外球面成形刀，是行之有效的方法，不仅精度高、效率高，在车削工件时还不易啃刀。

在研磨前，先把圆弧刀坯在磨刀机上用手工磨出基本成形和尺寸要求，后角磨成 $\alpha_0=7°\sim12°$，比所需后角大 $2°\sim3°$。再在车床上车出长 60～120 mm，直径为所车圆球直径的铸铁圆柱棒。然后用油调砂轮灰或用金刚砂研磨涂在铸铁棒外圆上，手拿住成形刀，向后角方向与研磨棒外圆成一个后角所需角度，左右移动成形刀进行研磨。研磨棒的转速为 $n=200\sim400$ r/min，直至研磨达到要求为止，一般只需几分钟。

2. 车削齿轮端面槽刀座

在成批生产时，为减轻齿轮重量，需要在齿两端面车出宽槽，以使轮幅厚度减薄。以往都是用硬质合金端面切槽刀一次次走刀进行车削。由于刀头强度低，不仅易损坏刀具，而且加工效率也低。为此设计了专用的双刀正反同时车削，如图 2-1 所示。两把刀一正一反安装在方刀台上，正刀车出槽的小径外圆，反刀车出槽的内径，一次走刀把

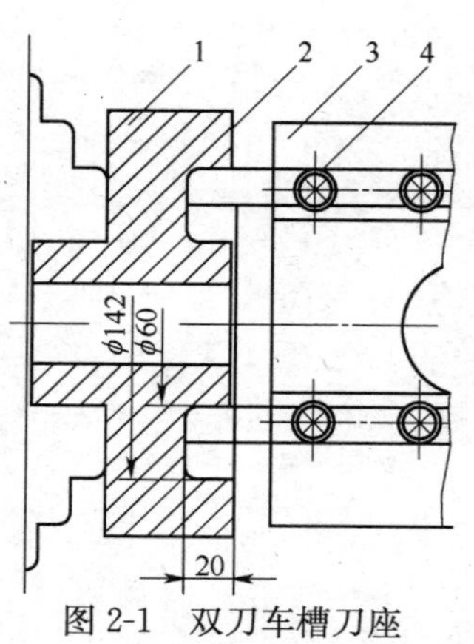

图 2-1　双刀车槽刀座

1. 工件；2. 刀具；
3. 方刀台；4. 压刀螺钉

齿轮端面槽车成。

此双刀车削的特点。选用 22 mm×22 mm×200 mm 的整体高速钢刀条，磨成 $\gamma_o=15°$、$\alpha_o=6°$、$\alpha_o'=4°$、$\kappa_r=90°$、$\kappa_r'=2°$、主刀刃宽为 21.5 mm；正反刀同时车削，切削力相对平衡，车削时无振动，车削轻快；工件转速 $n=30\sim50$ r/min，$f=0.1\sim0.15$ mm/r，一次走刀完成加工，生产效率高，劳动强度低。在车削过程中，使用乳化液充分冷却，以提高刀具耐用度。

3. 机夹重磨式高速钢切断刀

车床在过去多使用黏接高速钢刀头的切断刀和一般螺纹车刀。这种刀具是在热黏接的瞬间利用余热对刀头淬火，质量和硬度不稳定，直接影响刀具的耐用度，而且消耗量也高。

针对以上情况，设计和制造了一种高速钢重磨式切断刀，如图 2-2 所示。

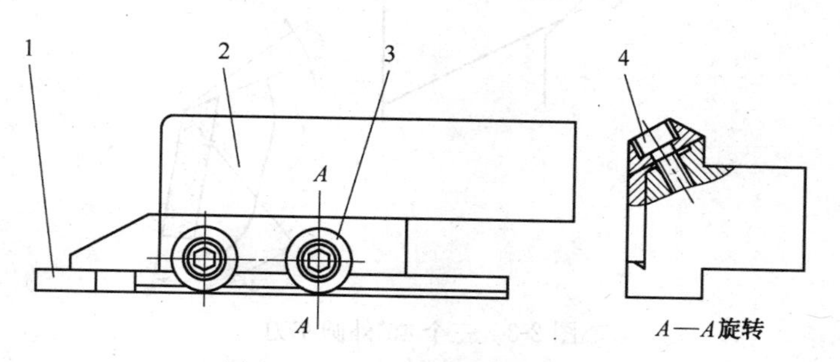

图 2-2　机夹重磨高速钢切断刀

1. 刀片；2. 刀体；3. 锥形压板；4. 紧固螺钉

刀具特点。采用高速钢刀片经加工、淬火、磨削和刃磨而成，质量好；刀片长 100 mm 以上，可以多次重磨，刀片利用率高；刀头处下面有刀体支承，提高了刀头的刚度和切削稳定性。此机夹切断刀，经过长期使用，一个刀片能代替传统黏钢切断刀 10 把以上，而且还能做普通螺纹车刀。

4. 三个45°车刀

为车削锻铸件毛坯，在刀具大前角条件下，提高刀具刃口抗冲击能力，降低切削力和切削温度及提高刀具耐用度，设计刃磨刀具$\gamma_o=45°$、主偏角$\kappa_r=45°$和刃倾角$\lambda_s=-45°$的三个45°外圆车刀。在断续车削锻钢铸件时效果很好，如图2-3所示。

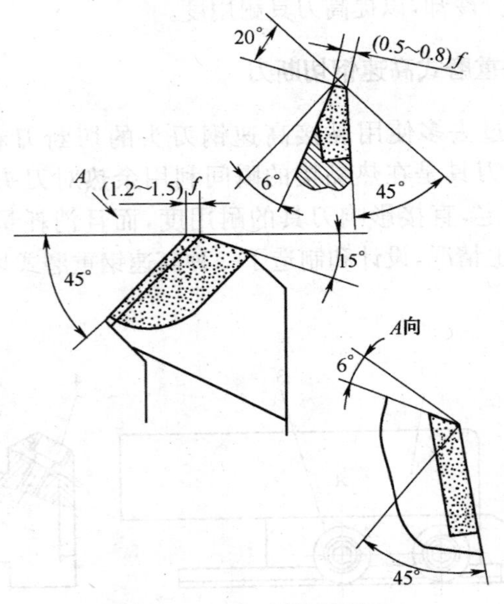

图2-3　三个45°外圆车刀

这种$\gamma_o=45°$大前角的基础上，配合有$\lambda_s=-45°$大刃倾角，大大增大了实际工作前角γ_{oe}，增大了刀尖强度，使切屑变形大大减小，降低了切削力和切削温度，因而可以提高切削用量和车削效率。它不仅适用于车削，也适用于铣削和刨削。

5. 玻璃钢套料刀

玻璃钢套料刀的刀头为YG8硬质合金，刀体为无缝钢管。刀头的主切削刃为折线形，可防止在切出时损坏刀尖。刀具安装在车床方刀台上，安装时刀刃略高于工件中心，如图 2-4 所示。

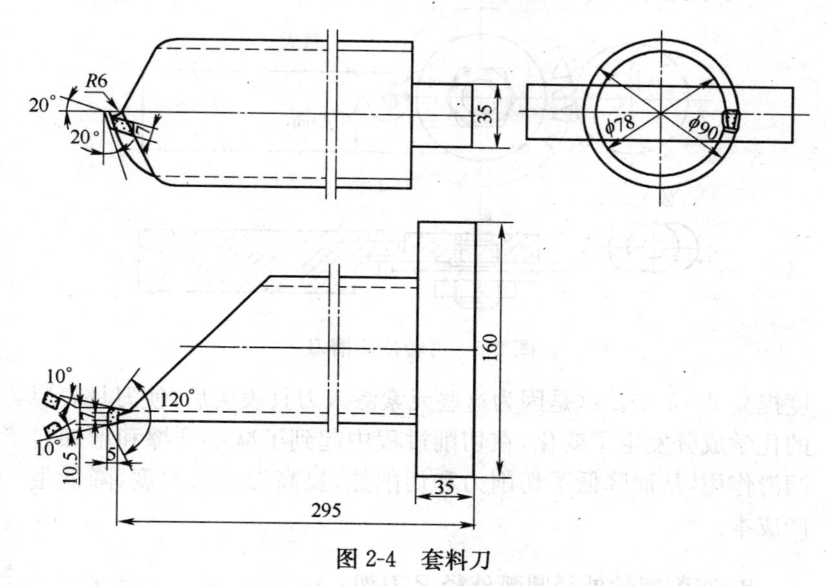

图 2-4　套料刀

套料车削时，$v_c = 75$ m/min 左右，$f = 0.1 \sim 0.2$ mm/r。在切削过程中，用压缩空气冷却，同时也使粉末状切屑从槽中排除。加工效率比钻孔和扩孔高，同时也节约了材料。

6. 锯片式可转位切槽刀

在小型轴类工件车削中，常需切一些尺寸比较严格的槽，采用一般切槽刀，当刀具磨损后，刀具就不能使用了。若用铣床用的锯片铣刀，做成如图 2-5 所示可转位切槽刀，当刀具磨损后，就可更换一个刀齿继续使用。

可转位切槽刀，是由锯片铣刀 2、刀体 1、紧固螺钉和调销钉 3 组成。使用时，把切削齿的调整到工件旋转中心，即可使用。

7. 提高高速钢刀具耐用度的有效方法

对拉刀、铰刀、滚刀和铣刀等复杂高速钢刀具，在低温条件下，进行碳、氮、硫、硼和氧等多元共渗，可使低速的高速钢刀具的耐用

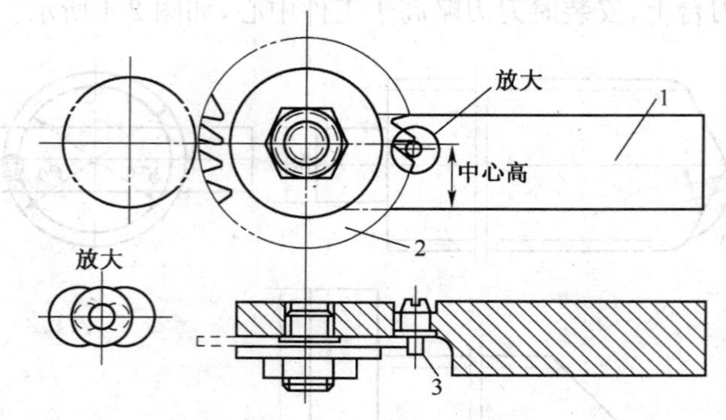

图 2-5　可转位切槽刀

度提高 2～5 倍。这是因为这些元素渗入刀具表层后，使刀具表层的化学成分发生了变化，在切削过程中起到了减小摩擦和增加自润滑作用，从而降低了切削力和切削热，提高刀具耐用度，降低生产成本。

8. 车削蜗轮外径圆弧外径 *R* 刀架

如图 2-6 所示为车蜗轮外径圆弧刀架，它是由压力螺钉 1、蜗轮 2、刀架体 3、刀头 4、蜗杆 5、手把 6 和锁紧螺母 7 组成。

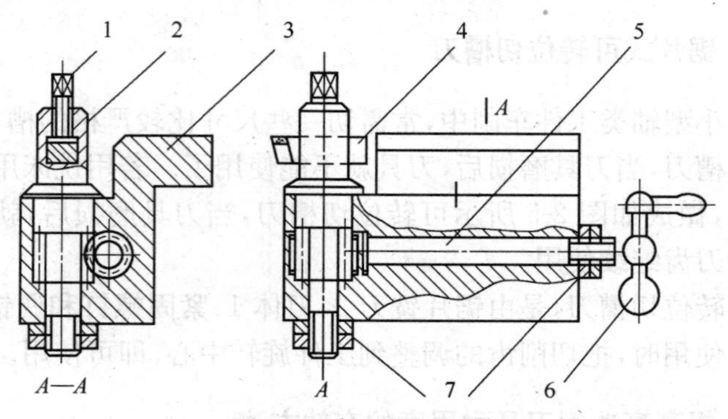

图 2-6　车 *R* 圆弧刀架

使用时，把刀架安装在车床方刀架上，根据蜗轮 *R* 半径大小，调整好刀头伸出长度，然后用手旋转手把，使蜗杆带动蜗轮和蜗轮上部刀头旋转，由中拖板进行吃刀，便可在工件的旋转下，车出蜗轮外径 R 所需的圆弧。

9. 鐾刀的方法

鐾刀的目的：一是把刃磨刀具留下的微小锯齿鐾掉，增加刀具刃口光滑程度；二是改变刀具刃口形式，使之达到锐利、光滑、消振、抗崩和耐磨损的效果。通过实践证明，合理地对新磨的刀具进行鐾研，将提高刀具耐用度两倍以上。

(1) 合理选择鐾、研刀具的工具。硬质合金、陶瓷和 CBN 刀具，应用金刚石油石来鐾，也可用金刚石研磨膏与铸铁研磨工具或用碳化硼与碳化硅研磨膏来鐾研。高速钢刀具用刚玉油石研鐾。油石和研磨工具要保持平整，如出现凸凹不平，应在砂轮机上用砂轮修磨平，也可在平整而粗糙的金属板上放上煤油搓平。

(2) 掌握好鐾刀的部位和参数。为了增强刀刃强度，鐾负倒棱时，要控制负倒棱宽度 b_γ 和负倒棱角度 γ_{o1}。一般硬质合金刀具切削碳钢或合金钢时，$b_\gamma=(0.3\sim0.8)f$，$\gamma_{o1}=-15°\sim-10°$。粗车铸、锻件时，如工艺系统刚度好，可取 $b_\gamma=(1.5\sim2)f$，$\gamma_{o1}=-15°\sim-10°$。鐾消振棱宽度 $b_\alpha=0.1\sim0.3$ mm，消振棱后角 $\alpha_{o1}=-10°\sim-5°$。为了支承、导向和消振作用，铰刀和浮动镗刀也要鐾出 $b_\alpha=0.05\sim0.3$ mm。车细长轴和铅黄铜车刀 $b_\alpha=0.1\sim0.2$ mm，切断刀也是如此。

(3) 掌握好鐾刀要领。归纳起来是“操作稳、角度正、刃口锋利光又平”。操作稳是指油石拿正，往返鐾刀运动要平稳，由前或后刀面逐渐接近刃口，用机油润滑；角度正是指按规定的参数鐾刀，手运动的方向要和既定的角度方向一致，油石与所鐾的刀面或刀刃需保持 30°～45°夹角；鐾后刀具的刃口和刀面的表面粗糙度值 $Ra<0.4$ μm。

10. 用陶瓷刀具车削铸铁可以成倍提高加工效率

现在所用的刀具陶瓷，一种是 Al_2O_3+TiC 或添加其他金属

(Mo、Ni)和碳化物的 Al_2O_3 基陶瓷。另一种是 Si_3N_4 或 Si_3N_4 + TiC(Co)的 Si_3N_4 基陶瓷。它们的硬度为 93.5～95.5HRA,抗弯强度 σ_{bb}=700～1 200 MPa,耐热性为1 200℃～1 300℃,具有良好的抗黏结性能、化学稳定性和低摩擦系数。用它切削铸铁,v_c 可比硬质合金刀具高 2～5 倍。

车削硬度为 200～250 HB 灰铸铁时,陶瓷刀具 v_c=440 m/min,a_p = 7.5 mm,f = 0.64 mm/r。而硬质合金刀具只有 v_c = 170 m/min。陶瓷刀具的切削效率为硬质合金刀具的 2.5 倍。

用陶瓷刀具车削硬度为 54HRC 左右的冷硬铸铁轧辊时,v_c=15～45 m/min,a_p=3～4 mm,f=0.3～0.5 mm/r。而硬质合金刀具,v_c=6～8 m/min。陶瓷刀具的切削效率为硬质合金刀具的 2.5～5.5 倍。

11. 磨刀用砂轮的修整工具

虽然现代普遍采用不用自己刃磨的可转位刀具,但还有一些车刀、铣刀、钻头等要用操作者手工刃磨,就得用手工磨刀砂轮机。要磨好一把刀,要求砂轮外圆平整,径向跳动要小,不然就难于磨好刀。这时就要砂轮修整工具对砂轮进行修整。如用传统的齿形片和金刚石笔修整,不仅效率低,也不易很快将砂轮修平整。如采用如图 2-7 所示的砂轮修整工具,就能很快地把砂轮修整好。

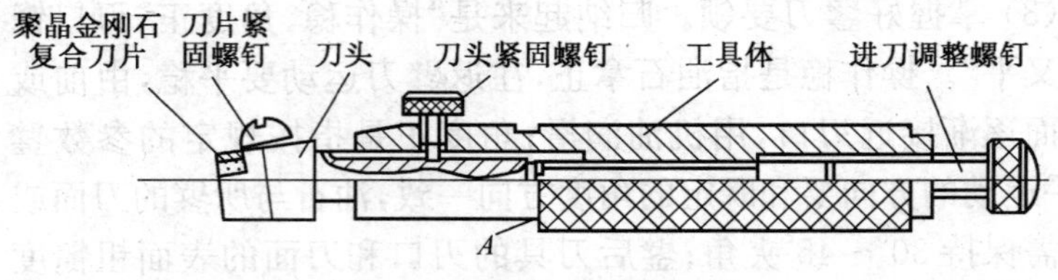

图 2-7 PCD 砂轮修整工具

此工具是由人造聚晶金刚石复合片(PCD)作为刀片,它的硬度为约 9 000 HV,是刚玉类砂轮磨料硬度的 4 倍,是碳化硅磨料硬度的 3 倍,与硬质合金复合后的抗弯强度为 σ_{bb}=1 500 MPa。

一般采用刀片为圆形，直径为 $\phi 8 \sim \phi 10$ mm，刀片的耐用度也很高，一般可用几年，而且价格也便宜。

修整砂轮时，手握工具体，把工具体 A 面靠在磨刀托板外沿上，拧进刀调整螺钉，使刀片接触或吃刀，左右移动工具体对砂轮进行修整，一般两三次即可。有的砂轮托板不平整，也可双手握稳工具体，来修整。修整后的砂轮外圆平整，径向跳动很小，能磨好刀具。

12. 合理使用车刀应注意的问题

"工欲善其事，必先利其器""磨刀不误砍柴功"这是两句古人留下的关于刀具对切削工作的重要所在。车工是切削加工的基础工种，一刻也离不开与车工工作有关的各种刀具。怎样使用好、磨好车刀，使其达到合理、高效和优质，这是在工作中应注意的问题，否则事必其反，造成没有必要的刀具浪费或损失。

(1) 车刀在刃磨和研鐾后，应仔细检查是否有刃磨缺陷，几何参数是否合理，各刀面的表面粗糙度值是否达到要求。特别是切断刀、螺纹刀、宽刃精车刀、成形车刀等，更应注意这一点。待合格后方可使用，否则直接影响车刀的使用效果。

(2) 安装车刀时应牢固可靠，刀垫要平整，刀尖要对准工件旋转中心，伸出长度要合理。特别是在车削直径小的工件、实心端面、切断和车削圆锥体或孔时，更应注意这点。

(3) 各种刀具材料在车削不同工件材料时，都各自有一定的切削速度范围，不要用车削 45 钢的切削速度车削难切削材料。在 v_c 选择时，先由中偏低的 v_c 到高的 v_c，否则因 v_c 高了，刀具瞬间失效而失败，造成刀具浪费。特别是车削一些硬化现象严重的奥氏体不锈钢、高温合金和高锰钢等材料时，a_p 和 f 均应大于 0.2 mm 以上，否则在硬化层中车削，加速刀具磨损。而且应避免刀具在切削表面停留，加剧切削表面硬化程度，给下一次进刀带来困难。用高速钢刀具更要特别注意。

(4) 车刀安装好后，在移动刀架和旋转方刀台时，注意不要让车刀与工件、机床碰撞或突然接触，否则会将刀刃和刀尖损坏。在切削过程中需停车，必须先把刀具退出。

(5) 新刃磨好的刀具，在正式车削前，先进行试切，试切正常后，再正式车削或铰削。在车锻、铸毛坯时，第一次走刀，应采用较大的切削深度，适当的进给量，以避免刀尖在硬皮上车削，保护刀尖和减小振动。

(6) 在断续车削时，应采用主偏角 $\kappa_r < 90°$ 和负的刃倾角的车刀，以使切入切出平稳和防止打刀。

(7) 在车削的过程中，要密切注意车刀的磨损状况。如发现车削表面有亮带、毛刺、已加工表面粗糙度变差和车削时有异常声音等不良现象，说明刀具有严重磨损，就应及时换刀或修磨刀具，不应等刀具损坏后才做。这样不仅浪费了刀具，也会增加了修磨的时间。

(8) 车刀的使用，要做到专刀专用，不要轻易改制。特别是对相同形状不同刀具材料的车刀，要分开放置，以免混用，影响切削效果。对贵重、怕损坏的刀具，应放在专用盒内。

13. 典型多刃车刀

为了省去换刀的时间和解决方刀装刀的数量，就产生了多刃车刀。多刃车刀的形状与尺寸，与工件所车削的表面形状与空间尺寸相对应。由于工件的形状、尺寸和车削的表面不同，就可设计和制造许多的多刃车刀。现在多刃车刀都可以用不同的可转位刀片制造成为可转位车刀。下面介绍几种典型的多刃车刀，供参考和借鉴。

(1) 90°多刃车刀。如图 2-8 所示，它适于车削齿轮、法兰盘、较短的套类工件外圆和内孔及内、外端面。

(2) 35°多刃车刀。如图 2-9 所示，刀尖①可车削外圆，刀尖②可削内孔、内端面、内倒角、外端面和倒角。

(3) 45°多刃车刀。如图 2-10 所示，刀尖①可车削外圆和外端面，刀尖②可车削内孔和内倒角。

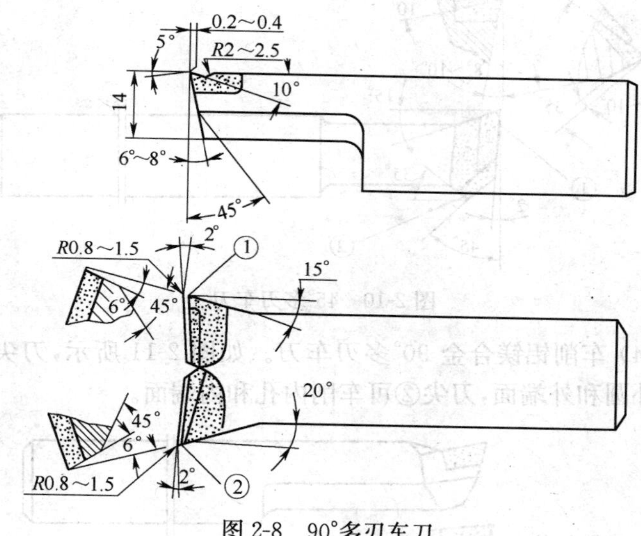

图 2-8　90°多刃车刀

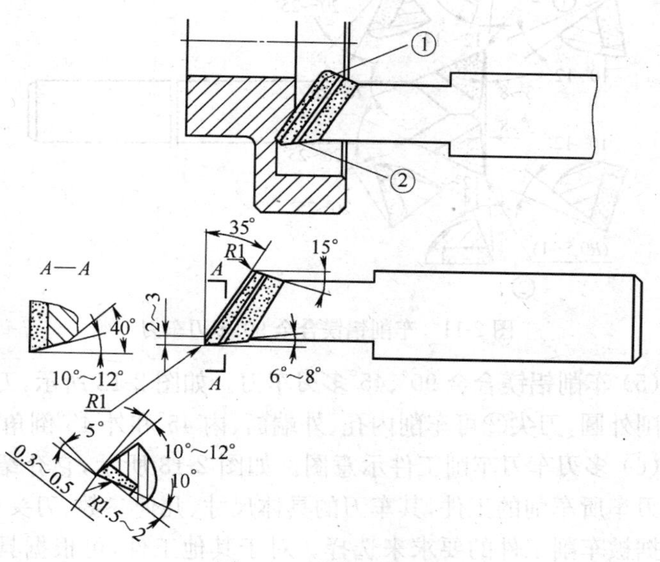

图 2-9　35°多刃车刀

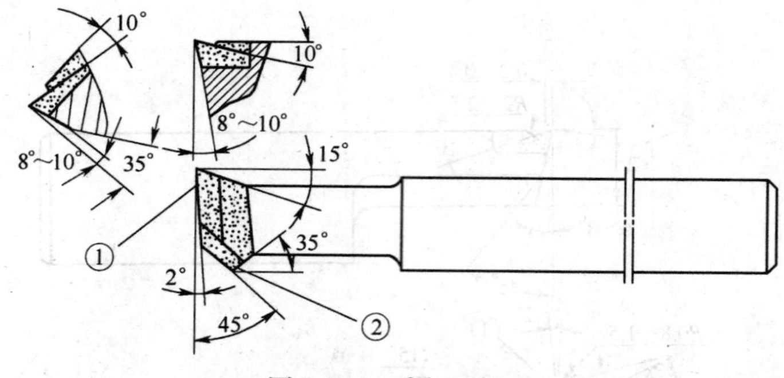

图 2-10　45°多刃车刀

(4) 车削铝镁合金 90°多刃车刀。如图 2-11 所示，刀尖①可车削外圆和外端面，刀尖②可车削内孔和内端面。

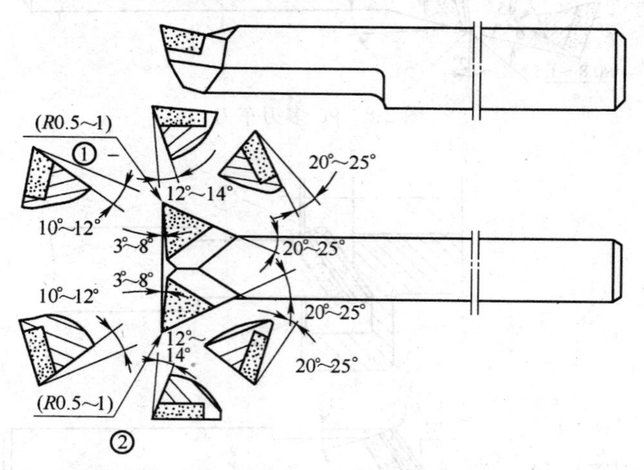

图 2-11　车削铝镁合金 90°多刃车刀

(5) 车削铝镁合金 90°、45°多刃车刀。如图 2-12 所示，刀尖①可车削外圆，刀尖②可车削内孔、外端面、内 45°和外 45°倒角。

(6) 多刃车刀车削工件示意图。如图 2-13 所示，它介绍了多种多刃车所车削的工件，其车刀的具体尺寸、几何参数、刀头材料，可根据被车削工件的要求来选择。对于其他工件，可根据具体要求来选择多刃车刀。

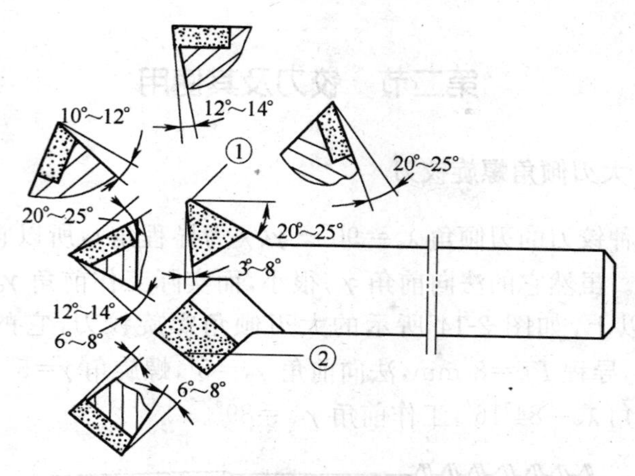

图 2-12　车削铝镁合金 90°、45°多刃车刀

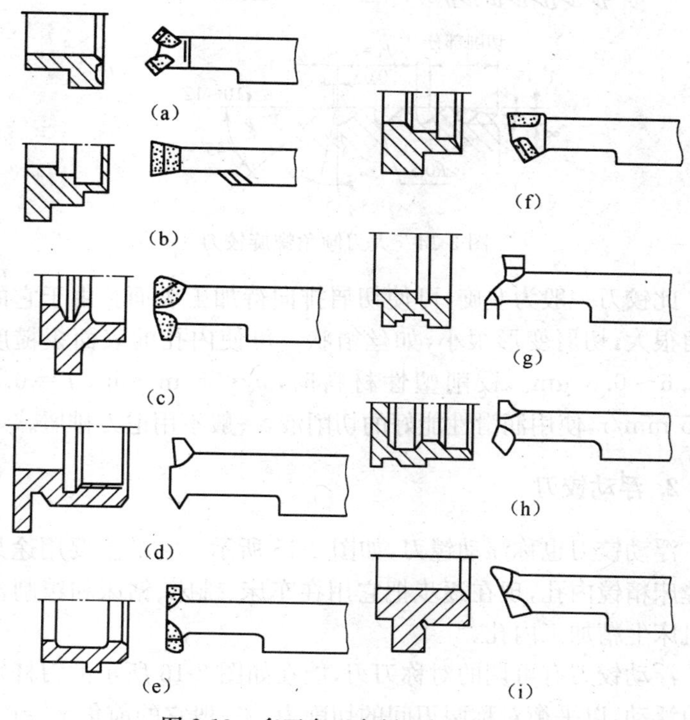

图 2-13　多刃车刀车削工件示意图

第二节 铰刀及其使用

1. 大刃倾角螺旋铰刀

这种铰刀的刃倾角 $\lambda_s = 90° - \gamma$(γ 为导程角),所以它的刃倾角很大。虽然它的法向前角 γ_n 很小,而实际工作前角 γ_{oe} 却一般为 70°以上,如图 2-14 所示的大刃倾角螺旋铰刀,它的外径为 $\phi 8$ mm,导程 $P_h = 8$ mm,法向前角 $\gamma_n = 5°$,螺旋角 $\gamma = 5°44'$,而它的刃倾角 $\lambda_s = 84°16'$,工作前角 $\gamma_{oe} = 89°$。

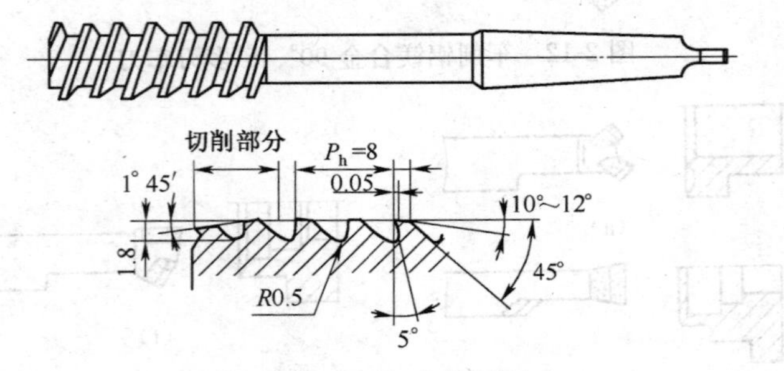

图 2-14 大刃倾角螺旋铰刀

此铰刀一般为左旋,可使切屑排向待加工表面。由于它的工作角很大,切屑变形很小,如丝箔状。可使内孔的表面粗糙度达 Ra1.6～0.8 μm。铰削塑性材料时,$v_c < 5$ m/min,$f = 0.2$～0.35 mm/r,使用润滑性能好的切削液,一般不用退刀排屑。

2. 浮动铰刀

浮动铰刀也称浮动镗刀,如图 2-15 所示。它的主要用途是用于镗床精镗内孔,现在逐步把它用在车床、铣床、钻床和镗削油缸等机床上精加工内孔。

浮动铰刀有可调的对称刀刃,能在如图 2-16 所示的刀杆矩形孔中浮动,以平衡对称两刃间的切削力。一般它的前角 $\gamma_o = 0°$,只有切削塑性材料时,才刃磨出较大的前角 γ_o。因为刀头横穿于刀

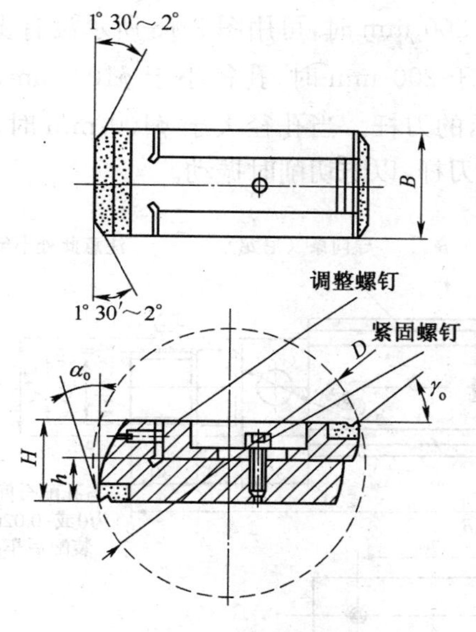

图 2-15　浮动铰刀

杆中心，这时刀刃高于工件中心，会使它的工作前角变小，工作后角增大，其值用下式计算：

$$\tan\eta = \frac{h}{\sqrt{\left(\frac{D}{2}\right)^2 - h^2}}$$

式中　D——工件孔径(mm)；

　　　h——刀刃高于工件中心量(mm)；

　　　η——刀具前角减小和后角增大的度值(°)。

所以　$\gamma_{oe} = \gamma_o + \eta$；$\alpha_{oe} = \alpha_o - \eta$。

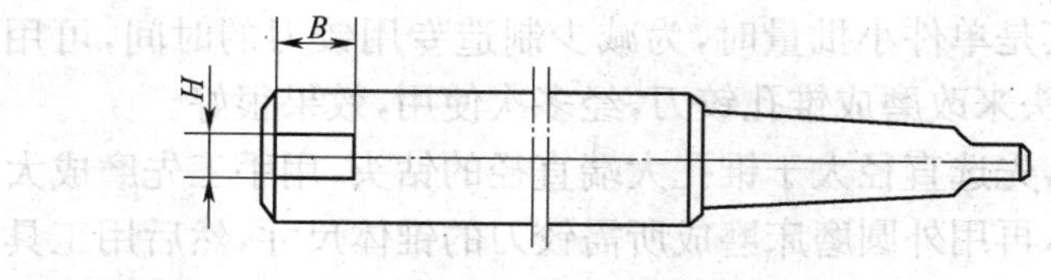

图 2-16　浮动铰刀刀杆

在孔深小于 200 mm 时，可用图 2-16 所示没有支承导向条的刀杆。在孔深大于 200 mm 时，孔径小于 ϕ100 mm，可用带有两条如图 2-17 所示的刀杆。当孔径大于 ϕ100 mm 时，得用均布四条支承导向条的刀杆，以防切削时振动。

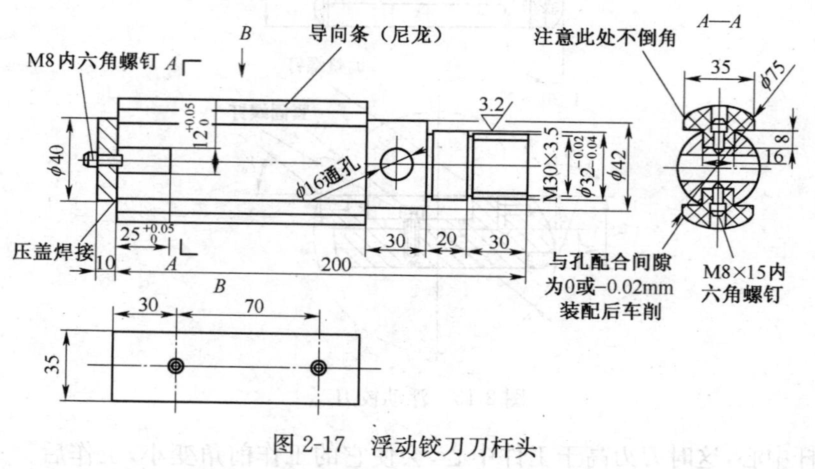

图 2-17　浮动铰刀刀杆头

此铰刀比普通铰刀的优点，铰孔后的孔的圆度和圆柱度小于 0.005 mm，粗糙度值，脆性材料 $Ra<0.8\ \mu m$，塑性材料 $Ra<1.6\ \mu m$，分别用煤油和润滑性能好的极压切削油润滑。铰孔时，脆性材料 $v_c=8\sim12$ m/min，塑性材料 $v_c<5$ m/min。$a_p=0.05\sim0.1$ mm。$f=0.3\sim0.8$ mm/r。

3. 用麻花钻头改磨成锥孔铰刀

在生产中，常遇到各种不同锥度的非标准锥孔，没有合适的锥孔铰刀，尤其是单件小批量时，为减少制造专用铰刀的时间，可用普通麻花钻头来改磨成锥孔铰刀，经多次使用，效果很好。

改制时，先选直径大于锥孔大端直径的钻头，用手工先磨成大概的圆锥状，再用外圆磨床磨成所需铰刀的锥体尺寸，然后用工具磨床(或手工)磨出后角，并留出 $b_\alpha=0.05\sim0.1$ mm 的刃带，即可使用。

使用时，先用小于锥孔小端直径的钻头钻出底孔，再使用锥孔铰刀铰孔。在铰削的过程中，根据不同的工件材料，选用不同的切削用量和润滑性能好的切削液，以提高铰孔质量。

4. 废硬质合金铰刀改微调铰刀

在生产中常用硬质合金铰刀铰孔，当铰刀直径磨损后，铰出的孔尺寸就不合格，而使铰刀报废。为了使铰刀不报废而继续使用，就采用在铰刀刃部增加一个涨芯，如图 2-18 所示，把铰刀改制成微调外径的铰刀，延长了铰刀的寿命，并节约了工具费用。

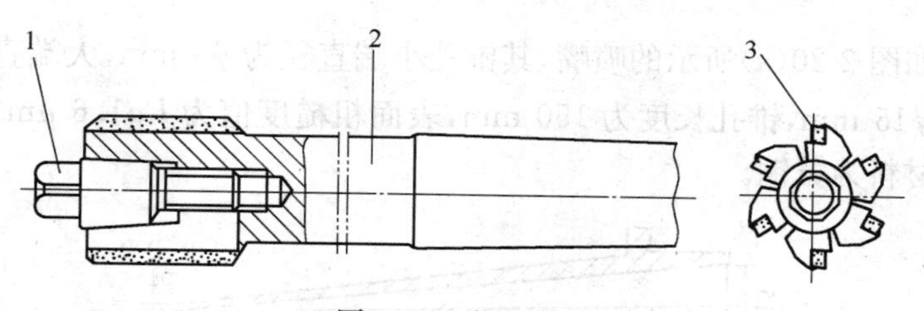

图 2-18　微调铰刀

1. 锥体涨芯；2. 刀体；3. 刀片

改制方法。将直径用小了的铰刀头部，车出内锥孔，深度为铰刀刃长的 1/2，再往深车出螺孔，然后按图示的位置，在相邻的两个刀片间锯出开口，去除毛刺后，配上一个锥体涨芯适当拧紧后，可将铰刀直径调整到所需直径尺寸，即可重新使用。

改制后的铰刀，当直径再磨损后，还可以多次调整。因此，一把铰刀可以代替几把新铰刀的使用，大大延长了铰刀的寿命。

5. 四方铰刀

铰刀材料为高速钢，切削部分淬火硬度为 62～66HRC。铰刀切削部分的截面为四方形，如图 2-19 所示，校准部分留圆柱刃带 0.1 mm 宽，切削锥角为 5°～15°，切削锥上的五方不留刃带。五方和刃带表面粗糙度值应小于 $Ra0.2\ \mu m$，在铰削中起挤压和刮削作用。

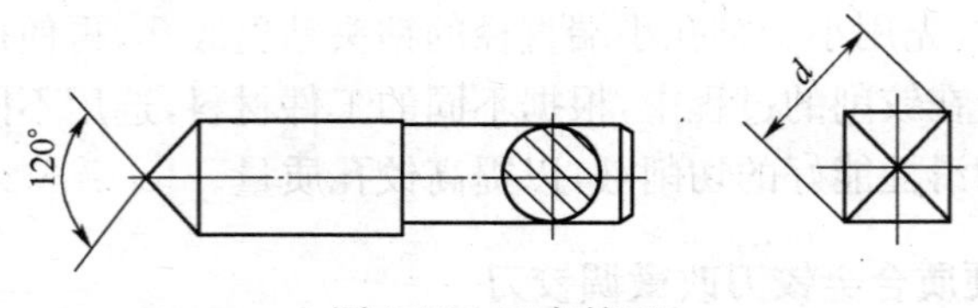

图 2-19　四方铰刀

此铰刀适用铰削 $\phi0.5 \sim \phi2$ mm 的小孔，铰削后孔的表面粗糙度值可达 $Ra0.8$ μm。

6. 小长锥孔铰刀

如图 2-20(a)所示的喷嘴，其锥孔小端直径为 $\phi3$ mm，大端直径为 $\phi15$ mm，锥孔长度为 150 mm，表面粗糙度值为 $Ra1.6$ μm，工件材料为黄铜。

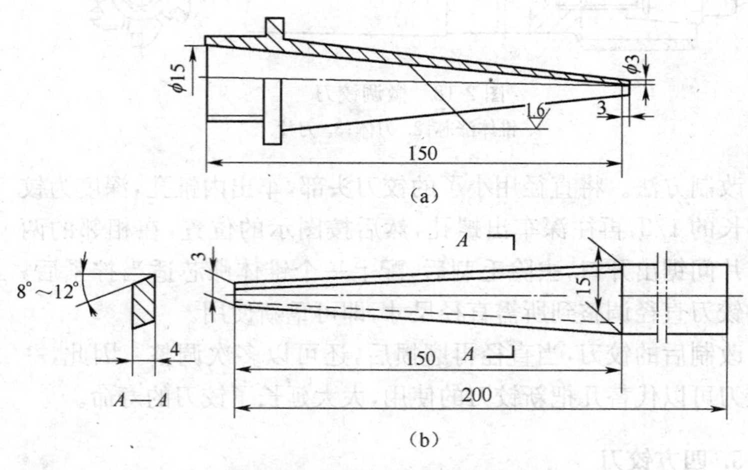

图 2-20　小长锥孔工件和铰刀

此工件最大的难度是锥孔，采用一般车刀扩孔，无法完成。车削时，首先根据锥孔的锥度，用不同直径的钻孔分段钻孔，并留有铰削余量。再用 $\phi15$ mm 的钻头，磨成锥孔粗铰刀，铰后留有精铰余量，最后用如图 2-20(b)所示的铰刀精铰。

铰孔精铰刀，用 4 mm 厚的高速钢条磨成，越往尖端逐渐磨薄，刀具横截面为棱形，它的工作前角为负值，后角 $\alpha_o = 8° \sim 12°$。铰削时慢慢进刀，并及时退出排屑，用乳化液冷却与润滑。

7. 大直径硬质合金铰刀的修复方法

铰刀是定尺寸刀具，当铰刀在使用中磨损了就报费，实在可惜。当大直铰刀磨损报费时，可按如图 2-21 所示的方法，把铰刀修复至应需尺寸。

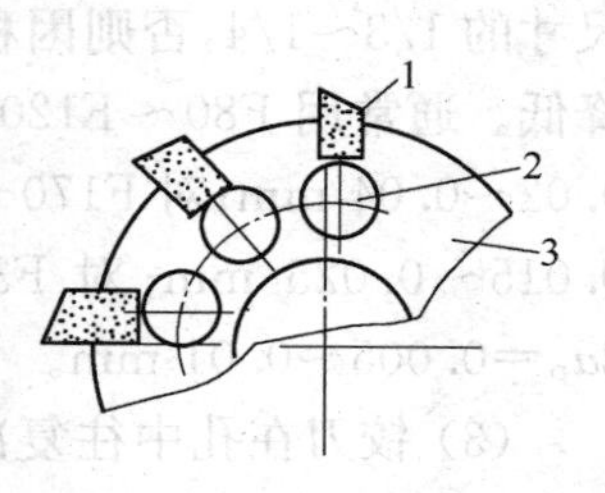

图 2-21 铰刀修复方法

1. 刀片；2. 锥销；3. 刀体

修复的方法是在每个硬质合金刀片的底部的刀体上钻铰出锥销孔，配上一个锥度为 1∶50 的锥销，把锥孔和锥销的大端各车铰成同一尺寸，再压入锥销，使刀片在锥销的作用下，向外扩大，使铰刀外径尺寸得到修复。按锥销的斜度 1∶100 计算，锥销每压入 1 mm，刀片向外扩大 0.01 mm 左右。但硬质合金刀片向外扩延量是有限度的，不能超过金属的弹性变形范围，否则会将刀片挤坏。一般情况下，从直径 ϕ45～ϕ100 mm 的铰刀，它的最大扩涨量为 0.03～0.07 mm。通过实践，它是一种行之有效修复铰刀的方法。

8. 使用金刚石或立方氮化硼铰刀应注意的问题

采用金刚石或立方氮化硼（CBN）铰孔，尺寸分散度小，加工精度可达 0.002 mm，表面粗糙度值可达 Ra0.4～0.2 μm，刀具寿命长，平均每把可加工 1 万件以上，生产效率高。而广泛应用于液压件阀孔和其他高质量工件孔的精加工。但若使用不当，会造成铰刀寿命低或损坏。为此，应注意以下问题：

（1）正确选用铰刀。金刚石铰刀适合于铰削铸铁、铜和铝及其合金及非金属。CBN 耐热性高达 1 400℃～1 500℃，与铁族金属惰性大，适合于铰削普通钢、淬火钢和高温合金等。在铰刀结构上，有固定式和可调式两种。固定式铰刀，刀体刚度好，容易修磨，铰孔尺寸稳定，刀具寿命稍短。可调式铰刀的尺寸可微调，寿命长，但制造较困难且精度高，刀体刚度差，铰刀套易变形。为了延长刀具寿命，在使用时可将上述两种结构铰刀组合使用，粗铰、半精铰用可调铰刀，精铰用固定式铰刀。

(2) 选用合理的铰削余量。一般切削深度不应超过磨料晶粒尺寸的 1/3～1/4，否则因积屑过多把铰刀卡在孔中，使铰刀寿命降低。通常用 F80～F120 粒度的铰刀，其铰削余量可达 $2a_p=0.02 \sim 0.04$ mm；对 F170～F270 粒度的铰刀，铰削余量为 $2a_p=0.015 \sim 0.025$ mm；对 F325～F400 粒度的铰刀，铰削余量为 $2a_p=0.005 \sim 0.01$ mm。

(3) 铰刀在孔中往复次数不应过多。一般情况下，铰刀一次往复行程即可。更不能把它当研磨棒来使用。因为过多的往复次数，会加快铰刀磨损而降低使用寿命。

(4) 选择合理的切削液。铰削铸铁和有色金属时，用煤油 90%和硫化油 10%。铰削钢件时，可用煤油 70%和硫化油 30%。特别指出，用 CBN 铰刀切记不能水基切削液，因为水与 CBN 在高温下发生反应而生成氨和硼酸，加快刀具磨损。切削液供给要充足，并要过滤，以保证铰削质量，延长刀具寿命。

(5) 合理使用。使用电镀金刚石或 CBN 铰刀的 $v_c=25 \sim 45$ m/min，$f=0.4 \sim 2$ mm/r，应采用浮动安装。为了提高铰刀寿命，可用新铰刀先用于粗铰，待铰 5 000～6 000 个孔后，再把它改为精铰刀，以利用钝的磨粒对工件孔产生挤压和抛光作用，这样既降低表面粗糙度值，又延长铰刀寿命。

9. 小长锥孔成形铰刀

小直径长度大的非标准锥孔，是无法用车刀去车削，因为是受孔径的限制，刀杆的刚度极差。因此可采用如图 2-22 所示的与锥孔尺寸和锥度相同的半圆式单刃铰刀进行铰削。

此成形铰刀，柄部为圆柱，可夹在钻夹头上使用。它的工作部分的圆锥与孔的圆锥一样，其横剖面去掉高于铰刀中心 0.1～0.5 mm

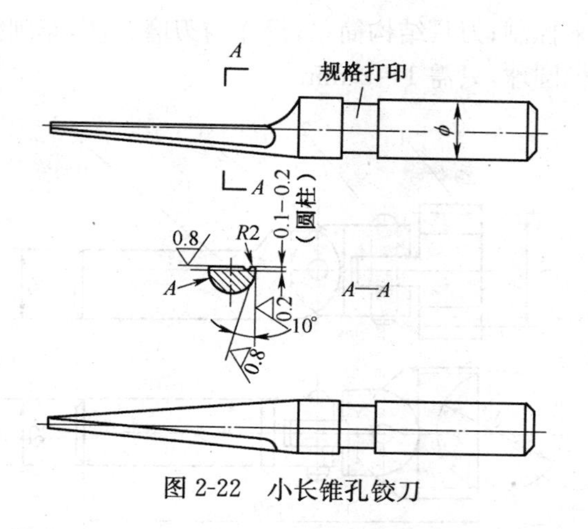

图 2-22　小长锥孔铰刀

不到一半，作为铰刀的前刀面，在铰刀切削刃的一边磨出 $\alpha_o = 10°$ 后角，如铰削钢材等塑性材料，还需磨 $R2$ 的卷屑槽，以增大工作前角。刀具材料为高速钢并淬火。

车削时，工件按锥孔小端直径钻一通孔，也可按锥孔的锥度钻成台阶孔，以减小铰削余量。然后把铰刀夹在钻夹头上，铰钢件时，以 $v_c \leqslant 3$ m/min，铰有色金属时，用 $v_c = 10 \sim 15$ m/min，$f = 0.3 \sim 0.5$ mm/r，用手摇动车床尾座手轮进刀进行铰削。并随时退刀进行排屑与润滑。因为铰刀有 A 部支承，不会产生振动。

第三节　特殊刀(工)具及其使用

1. 铰链式杯形圆球车刀

如图 2-23 所示，主要用来车削带柄的圆球。它的特点：杯形刀头采用双铰链式与刀杆连接，能自动调整圆形刃口中心与工件中心一致的位置，从而避免了因装刀高低对所车削球面圆度的影响；刀头采用杯形套式，能使切削时的切削力平衡，消除了切削时的振动；圆球的任何截面都是一个圆，所以一定尺寸的杯形刀内孔，可以车削大于杯形刀内孔一定尺寸范围的圆球，其球径尺寸精度用吃刀来控制；刀具结构简单，操作与刃磨方便，车削效率高，车削一个手柄圆球，只需 1～2 min。

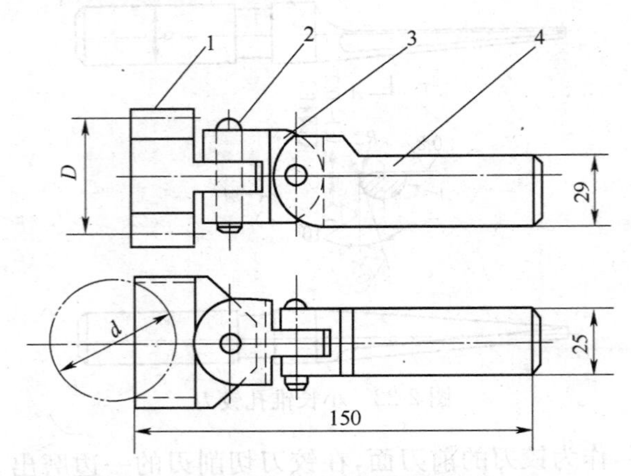

图 2-23　铰链式杯形圆球车刀

1. 杯形刀头；2. 销轴；3. 关节；4. 刀杆

车削时，先用外圆车刀按工件球径车好外圆，并留少量余量。再按球的长度用切断刀切一个槽，槽底直径约 $\phi12$～$\phi18$ mm，与球径大小成正比。然后用切断刀把球车至大致形状，最后用铰链式杯形刀，对在球坯上，调整纵横向位置如图 2-24 所示进行车削，直到要求的尺寸为止。

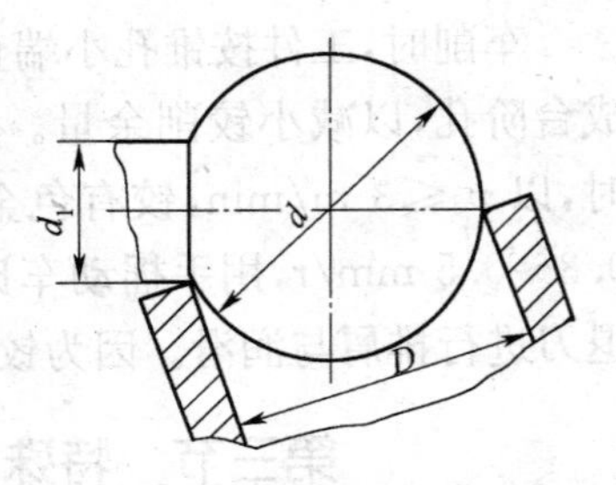

图 2-24　杯形刀的位置

一般选用刀孔直径 D 比球径 d 小 0.5～1.5 mm。此刀具在车削过程中，工作前角为负前角，所以主要用车削脆性材料，如夹布胶木、铸铁、铸铜、尼龙、塑料、胶木等。因刀头是高速钢，v_c 应根据所车削的材料来选择，不能使切削温度超过塑料和尼龙的软化温度(分别为 95 ℃、180 ℃～220 ℃)。若用来车削钢球，应尽量减小加工余量，采用 $v_c<5$ m/min，并浇注润滑性能好的切削

液，如植物油或极压切削油。

2. 内半球浮动刀

冲床等机床上的球形关节内球面的加工精度和表面质量要求较高，若采用一般的车削方法，难以达到质量要求。如采用内半球浮动刀，就可轻而易举地达到。

内半球浮动刀片如图 2-25 所示。它的材料为高速钢，经车、铣、淬火和磨削而成。$\gamma_o=0°$，$\alpha_o=8°\sim12°$，$b_\alpha=0.05\sim0.1$ mm，刀片外径 d＝内球面直径，前刀面宽为 4～16 mm，刀片厚为 4～16 mm，见表 2-1。

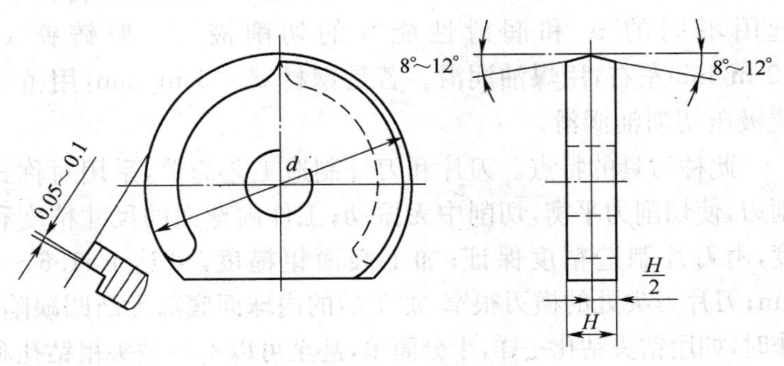

图 2-25　内半球浮动刀片

表 2-1　刀片参数

刀片直径 d(mm)	20～30	31～40	41～50	51～60	61～80	81～140
前角 γ_o(°)	0					
后角 α_o(°)	10～12	10～12	10～12	8～10	8～10	8～10
前面宽(mm)	4	6	8	12	14	16
刀片厚度(mm)	4	6	8	10	14	16

刀杆材料为 45 钢，刀杆直径 d 比刀片直径 d 小 5～30 mm，安装刀片的槽宽 h 与刀片厚度滑配合，槽深 $L=(1/2\sim1/3)d$，如图 2-26 所示。

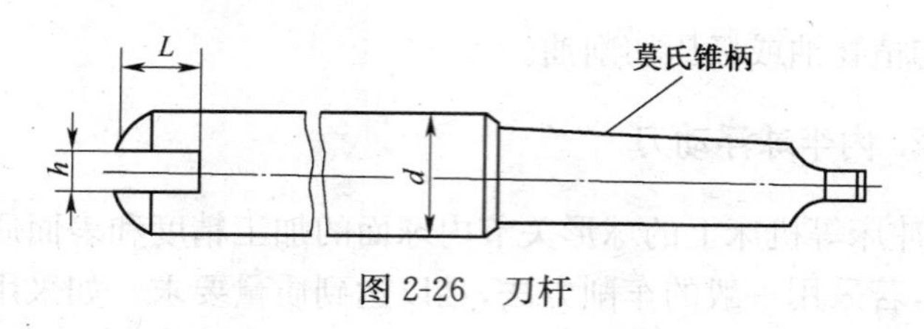

图 2-26　刀杆

使用前，先用钻头钻孔，再用内孔车刀进行大致的粗加工，以提高孔的位置精度和减小加工余量。然后把刀杆插入车床尾座套筒锥孔内，将圆形刀片放入刀槽内，使刀片的缺圆平面靠在刀杆槽底面，向前移动和固定尾座，用手摇动尾座手轮向前进刀，直至使工件内球达到要求的深度为止。根据工件材料不同，选用不同的 v_c 和润滑性能好的切削液。一般铸铁 $v_c=10$ m/min左右，用煤油润滑。若是钢材 $v_c<5$ m/min，用植物油或极压切削油润滑。

此种刀具的特点。刀片和刀杆制造工艺简单，采用对称式切削刃，使切削力平衡，切削中无振动；工件内球面的尺寸精度和圆度，由刀片制造精度保证；加工表面粗糙度，可达 $Ra1.6\sim0.8$ μm；刀片刀尖处的横刃很窄，加工后的内球面底部无凸凹缺陷；操作时，如用钻头钻孔一样，十分简单，甚至可以不用钻头粗钻孔和刀扩孔，直接钻出内半球。这些年先后用此刀加工 40 t、100 t、300 t 和其他机械上 $\phi40\sim\phi140$ mm 的内球面，其加工精度可达 IT6。

3. 单珠内孔滚压工具

滚压加工是一种传统常用和经济的工件表面光整和强化工艺手段，不仅可以大幅度的降低工件表面粗糙度值，而且使工件表层硬度提高 30% 以上，延长工件使用寿命和提高工件间的配合性能。

单珠滚压工具如图 2-27 所示，适用于孔径 $\phi40$ mm 以上、长度在 300 mm 以内的孔。它是由硬质合金腰鼓形滚珠 3、滚珠支承套 5、滚动轴承 4、刀杆 6、端盖 2 和半圆头螺钉 1 组成。

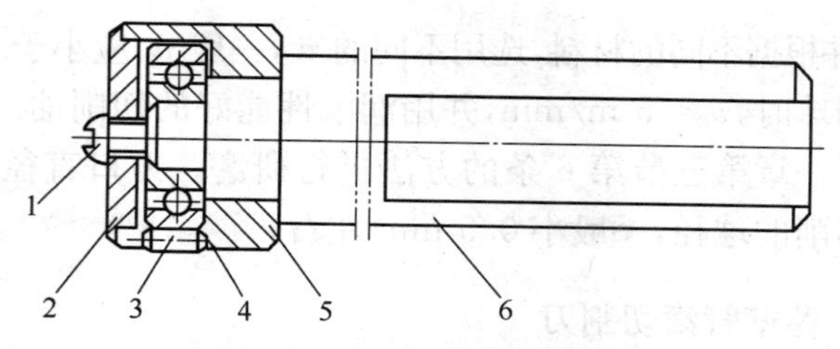

图 2-27　单珠滚压工具

使用时，把工具刀杆安装在车床方刀台上，滚珠中心与工件中心等高，横向移动中拖板，使滚珠对内孔表面有一定压力，采用纵向自动走刀对内孔进行滚压。滚压时，工件速度 $v_c=30\sim40$ m/min，$f=0.1\sim0.2$ mm/r，滚压后工件表面粗糙度值可达 $Ra0.8\sim0.4$ μm。

4. 小直径外球面车刀

有时车削有机玻璃、塑料、尼龙、铸铁、铸铜或钢的小直径外球面，它的精度又高，如用成形刀来车削，刀具刃磨又十分困难。为了解决这一问题，就制了如图 2-28 所示的筒形车刀，用它可以车削球径小于 $\phi10$ mm 的外球面。不仅质量好、效率高，操作也十分简便。

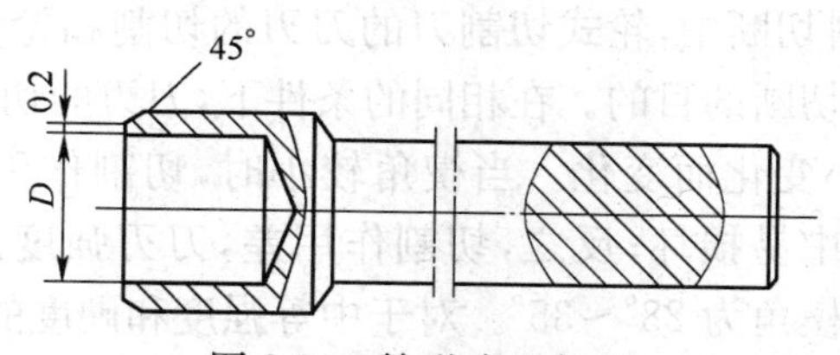

图 2-28　筒形球面车刀

如车削有机玻璃、塑料和尼龙，刀具材料可选用 45 钢淬火制造。若车削其他材料，应选用高速钢或合金工具钢和工具钢制造并淬火。

车削时，先粗车外圆并留少许余量，根据球面长度切一槽，再粗车球面，然后用手持筒形刀套在工件球面上，左右摆动和旋转车球面，并根据不同的材料，选用不同的 v_c，一般 v_c 应小于 20 m/min。精车钢球时，$v_c<5$ m/min，并用润滑性能好的切削油。还可以采本书第一章第五节第 6 条的方法进行研磨。刀口直径 D 必须小于所车削的球径，一般小 0.5 mm 左右。

5. 薄壁管滚切割刀

如图 2-29 所示的滚切割刀，它是由切割滚轮、销轴和刀体组成。切割滚轮用 Cr12MoV 或高速钢材料制作，淬火硬度为 58～62HRC。

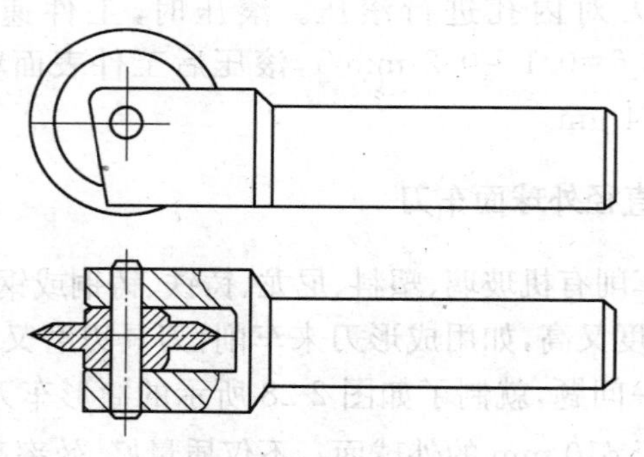

图 2-29　滚切割刀

在管料切断中，轮式切割刀的刀刃的切割和轮侧面挤压被切金属，达到切断的目的。在相同的条件下，刀刃的切割作用随割刀的楔角大小变化而变化。当楔角较小时，切割作用强，刀刃强度差，在使用中易损坏；反之，切割作用差，刀刃强度高。一般情况下，割刀的楔角为 28°～35°。对于中等强度和硬度的管材，楔角为 36°～42°。刃口圆弧半径为 0.05～0.1 mm。

切割时，把割刀安装在方刀台上，将被切管料夹在三爪自定心卡盘中。工件以 $v_c=18$～25 m/min 的速度旋转，再横向手动进给，使割刀压向工件，在摩擦力的作用下，割刀也被动旋转，继续进给，管料被切断。

这种切断管料的方法，切断迅速，无切屑，节省材料，刀具寿命也长。

6. 脆性材料内球面圆形刀

圆形刀片材料为高速钢，经车削、淬火和刃磨而成，如图2-30(a)所示。刀片直径 D 为所加工工件内球面直径。它的楔角为 60°，在刀尖处留有 0.05～0.1 mm 刃带。使用时，把刀杆插入尾座锥孔内，将刀片通过 ϕ6 mm 孔用销钉安装在图 2-30(b)的刀杆槽中，并能转动。像钻孔一样，对内球面进行加工。

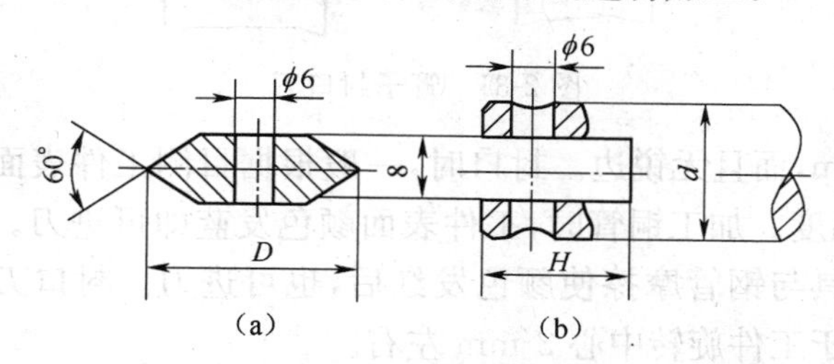

图 2-30　圆形内球面刀和刀杆

此刀主要用于灰铸铁和脆性有色金属材料内球面的精加工。加工时，首先对内球面进行粗加工，然后用此刀进行精加工，工件(或刀具)正反转均可。v_c=10～20 m/min，f=0.05～0.1 mm/r。加工后的表面粗糙度值可达 Ra1.6 μm，同时也适用于镗床、铣床和钻床。

7. 管子封口刀

图 2-31 为管子封口刀的一种，它是在车床上无切屑加工的一种工艺。其特点是利用高速旋转的管子，在刀具挤压和摩擦作用下，产生大量的摩擦热使管料软化，在刀具进给作用下，将管子封口。此工艺操作简单，生产效率高，封口严密。

管子封口刀的刀片材料为硬质合金。工件材料为铜管和钢管。封口时，工件转速应大于 n=1 000 r/min，因为速度高，摩擦升温高而快，加工效率高。刀具工作部分的表面粗糙度值应小于

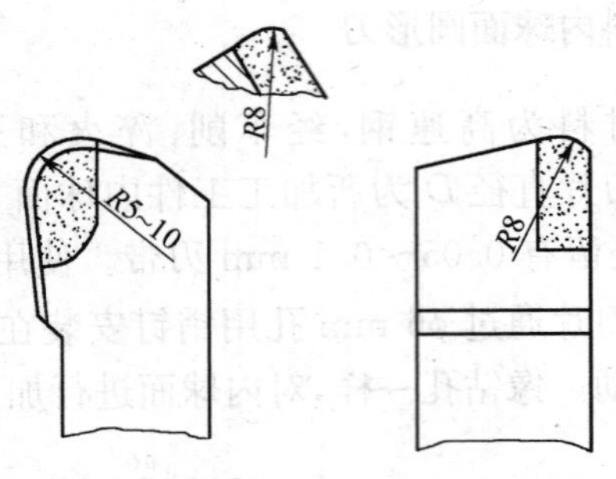

图 2-31　管子封口刀

$Ra0.4\ \mu m$，而且无锐边。封口时，一般根据目测工件表面的颜色来控制温度。加工铜管时，工件表面颜色发蓝即可进刀。加工钢管时，刀具与钢管摩擦使颜色发红后，也可进刀。封口刀在安装时，应高于工件旋转中心 2 mm 左右。

第四节　钻头及其使用

1. 负前角钻头

一般标准麻花钻头，它的前角从外径处 30°到钻头中心处 −30°变化，而在钻尖横刃处为 −60°。由于刀具的前角越大，刀具的楔角越小，刃口的强度就低，传导出的切削热就少，易造成因切削温度高而烧损。特别是钻削硬度和强度高的工件材料或淬火后硬度不太高的工件材料更为困难。所以在用高速钢钻头钻削这些材料时，需把钻头的前角修磨成 $\gamma_o=-15°\sim-10°$ 的负前角，其宽度为 1.5～2 mm，并将钻尖处的横刃磨成原来的 2/5，以减小轴向力。

这种负前角的钻头，几何角度简单易磨，对高锰钢和硬度小于 45HRC 的淬火钢的钻孔效果较好。钻削时，$v_c=5\sim8$ m/min，$f=0.1\sim0.15$ mm/r。用它钻削硬塑料、铸铁、有机玻璃等材料，其效果也很好。

2. 钻玻璃孔的砂轮钻头

若需在玻璃上钻孔，如果没有金刚石钻头（电镀金刚石砂轮），可采用如图 2-32 所示的用砂轮作成钻头，它具有制造简单，使用方便，钻削效率也高。

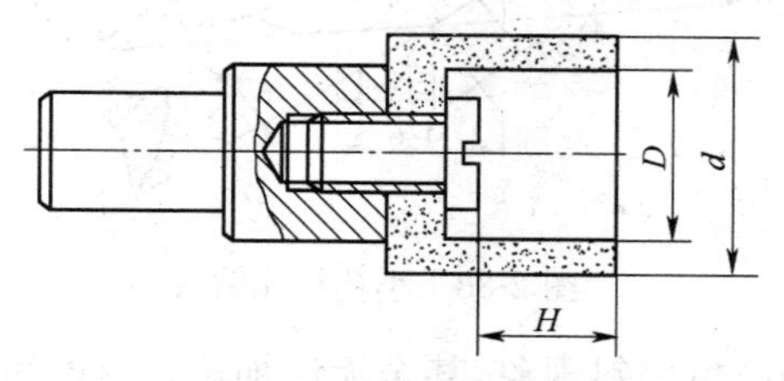

图 2-32　砂轮钻头

砂轮采用磨料为黑碳硅（C），粒度为 F20～F36，树脂结合剂（B）的杯形砂轮，硬度为 H～K，砂轮外径 d，即为玻璃钻孔孔径，H 应大于玻璃厚度。

钻孔时，将玻璃用水板垫实，v_c＝100 m/min 左右，进给量不宜大，以“沙沙”声不太明显为宜，并使用充足的切削液。

3. 精孔钻钻小孔

钻削孔径 $\phi2$～$\phi16$ mm 的内孔时，可将钻头修磨成如图 2-33 所示的几何参数，使其具有较长的修光刃和较大的后角，刃口十分锋利，类似铰刀的刃口和较大的容屑槽，可以钻孔和扩孔，使孔获得较高的加工精度和表面质量。

钻孔和扩孔时，对钻钢类工件时的加工精度可达 IT6～IT8，表面粗糙度值可达 Ra3.2～1.6 μm。切削用量 v_c＝2～5 m/min，f＝0.08～0.2 mm/r。采用植物油或极压切削油进行润滑。

4. 半孔钻头

工件上原来有圆孔，要扩成腰形孔，或毛坯上有不同轴的，要用钻头扩大为同轴孔，这时需要钻半孔了。若采用一般的钻头进

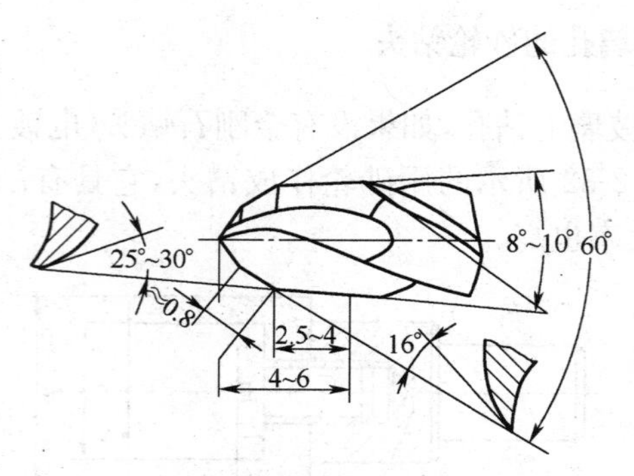

图 2-33　小孔精孔钻头

行钻削，就会产生偏斜现象，甚至无法加工。这时可将钻头的钻心磨成凹形，如图 2-34 所示，突出两个外刃尖，以慢速手动进给，即可钻成。

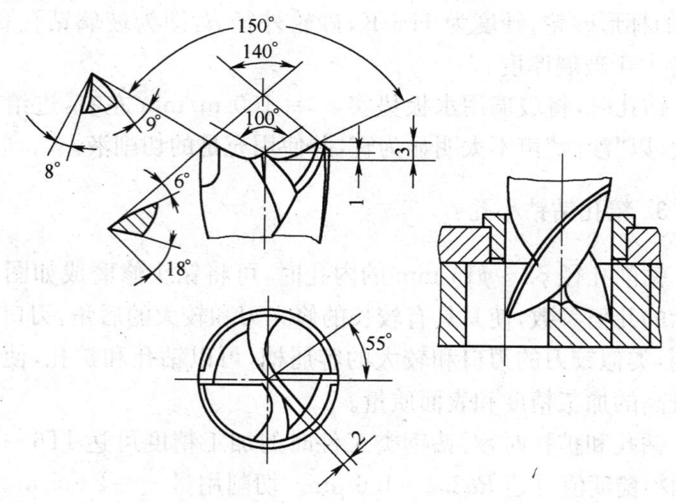

图 2-34　半孔钻头

实际钻此类孔时，常遇到超过半孔和小于半孔的情况，由于两者切削分力大小不同，必须对半孔钻凹部的大小和角度进行修正。当所钻的孔小于半孔时，钻头的外宽小一些，内凹的角度应大一些。大于半孔相反。若有条件，采用钻套，就更好了。

5. 平底孔钻头

平底孔又分平底阶梯通孔和平底盲孔，如图 2-35(b)、(c)所示。为了钻这种孔，可把钻头的两主切削刃磨成与钻头轴线相垂直并十分对称的切削刃，如图 2-35(a)所示。刃磨时，把钻头前角修磨成 3°～8°，后角为 2°～3°。特别是后角不宜大，如大了以后不仅会产生扎刀，而且使孔底平面不平成波浪状。若钻平底盲孔，应把钻头的钻心磨成如图 2-35(c)所示凸形钻心，以使钻头定心而钻削平稳。

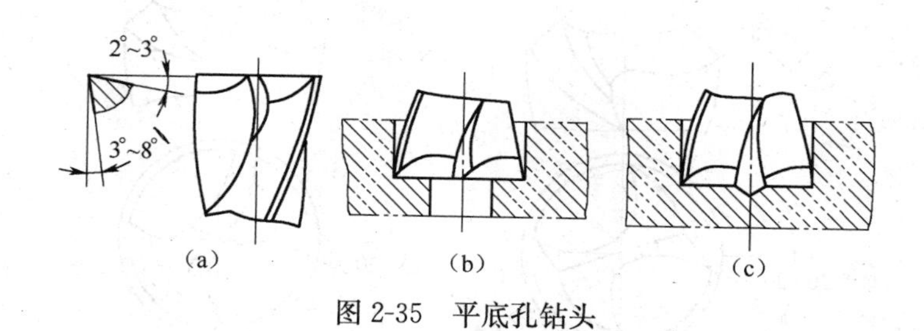

图 2-35　平底孔钻头

6. 毛坯扩孔钻头

在车削锻、铸工件时，有时为减小车削余量，需在毛坯上扩孔。这时的毛坯孔大多与所加工的孔不同轴而偏斜，使钻削的余量不均匀。如同一般的钻头，在切深抗力的作用下，使钻头偏向余量小的一边，定心很差，甚至会造成钻头折断。针对这一情况，把钻心磨低，外刃宽度减小于孔余量小的一边宽度，使切深抗力分为多方向的分力，避免了偏切的恶劣状况，如图 2-36 所示。钻头的内刃锋角＞140°，外刃锋角＞120°，外刃宽度小于孔的小边余量，钻尖高 $h \leqslant 1.5$ mm 左右。

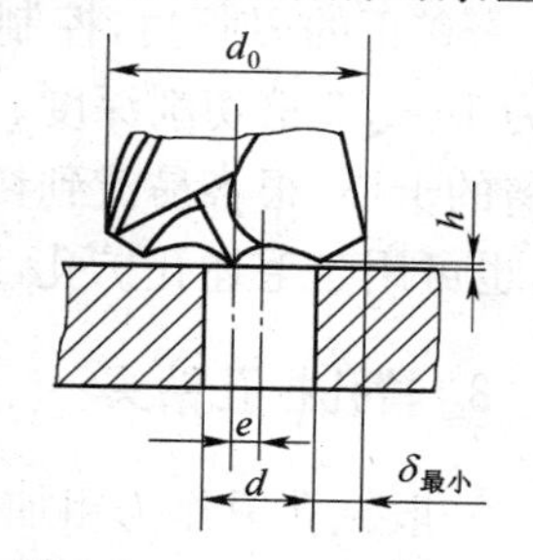

图 2-36　毛坯孔扩孔钻头

7. 前排屑扩孔钻头

在车床上用普通钻头扩孔时，切屑总是沿着容屑槽向后排出。这样会造成多次退刀进行排屑，造成辅助时间增多，加工效率低。为了解决在扩孔中的排屑问题，就刃磨了如图 2-37 所示的正的刃倾角前排屑钻头，获得良好的效果。

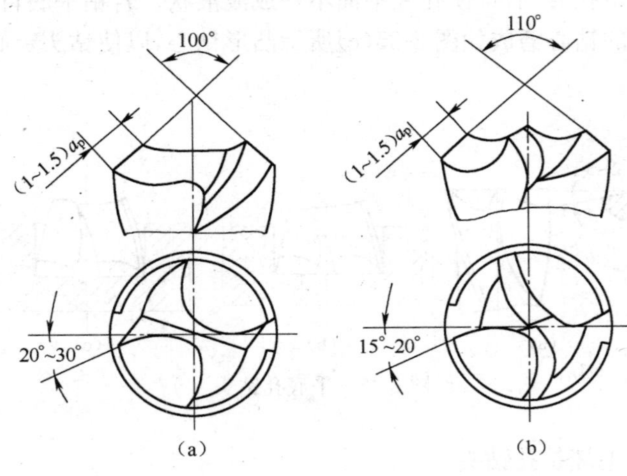

图 2-37 前排屑钻头

前排屑钻头采用锋角 2ϕ 为 100°～120°，去掉横刃，外刃磨出 15°～30°正的刃倾角，控制切屑流向往待加工表面流出。外刃长度为 1～1.5 倍切削深度。冷却润滑液从钻头的容屑槽流入，没有切屑的干挠，很容易流到切削区。这种前排屑钻头，不仅用于精扩孔，也可用于毛坯孔扩孔，纠正毛坯孔的偏斜。

8. 精孔扩孔钻头

一般钻孔只作为粗加工，对孔的精度和表面粗糙度要求不高。但在特殊情况下，也可用钻头来钻削精度较高、表面粗糙度值较小的孔。为此，就必须采取措施，减小刃带和孔壁间的摩擦、刮伤和避免切屑对孔壁的擦伤，避免钻削过程中钻头定心不稳、振动和积屑瘤的产生，改善切削层的变形，减小残留面积高度，注意钻头本身外径尺寸精度等。

图 2-38 所示为钢料扩孔精孔钻的几何参数。一般要在钢料上钻出精孔，均采用精孔钻扩孔的方法。在钻头外刃上磨出大于 15°正的刃倾角，以控制切屑向待加工表面排出，并将外刃锋角磨成小于 60°，把外刃与刃带的连接磨圆，两外刃的对称度要高，否则会将孔径扩大。钻头最好选用符合孔径的新钻头。如用使用过的钻头，应仔细检查刃带是否有积屑瘤，如有应用油石消除。

精扩钢料时，$v_c=2\sim8$ m/min，$f=0.14\sim0.2$ mm/r，单边余量 $a_p=0.5\sim0.8$ mm，可使孔的尺寸精度微大于钻头直径、孔的表面粗糙度值达 $Ra3.2\sim1.6$ μm。

9. 不锈钢扩孔钻头

不锈钢的导热性很差，切削加工时，表面硬化严重，易产生积屑瘤，要钻出质量好的孔，比钻削一般钢材困难的多。为了在不锈钢上钻出精孔，可采用如图 2-39 所示的扩孔钻头，能达到较好的效果。

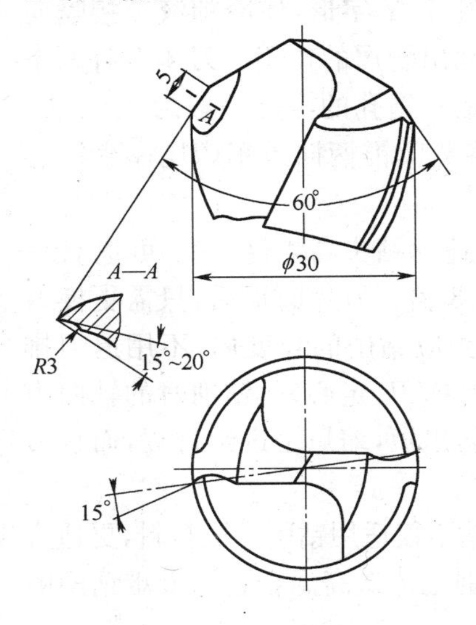

图 2-38　精孔扩孔钻头

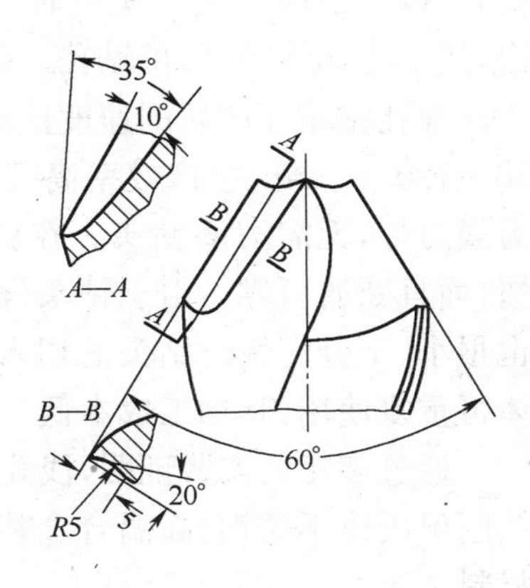

图 2-39　不锈钢扩孔钻头

采用这种扩孔钻头，钻扩 1Cr18Ni9Ti 奥氏体不锈钢，$v_c=2\sim3.5$ m/min，$f=0.2\sim0.3$ mm/r，$a_p=1.5\sim2$ mm。扩孔时采用自动进给，以免在进刀时停止，加剧切削表面硬化。切削液选用润滑性能好的硫化油或极压切削油。扩钻后工件表面粗糙度值可达 $Ra3.2\sim1.6$ μm。

10. 可转位刀片浅孔钻头

机夹可转位浅孔钻头，是 20 世纪 70 年代国外研制的一种新型硬质合金钻头，现在国内工具厂已成系列成批生产和推广应用。刀具结构如图 2-40所示。在刀体尾部为莫氏锥柄和冷却液输入孔及管接头。在刀体的前端不对称装有两片有沉孔和后角的凸三角形硬质合金刀片，分别钻孔的不同部位，以形成完整的孔底。刀体内钻有冷却液孔，靠近刀体前端此孔呈 Y 字形，使冷却液直接喷向两刀片的切削区，起冷却润滑和冲出切屑的作用。刀体上有两条较大的直 V 形或螺旋形的排屑槽。钻孔的深度一般为孔径的 5 倍，所以称为浅孔钻。使用时，将莫氏锥柄插入车床尾座套筒孔内，接上冷却管子，即可钻孔。

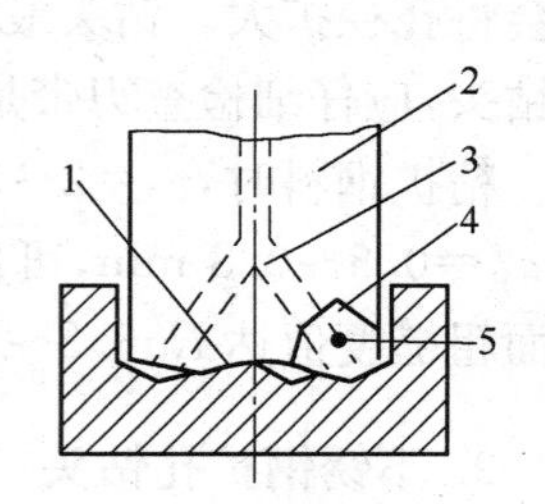

图 2-40　浅孔钻头部

1. 内刀片；2. 刀体；3. 冷却孔；4. 外刀片；5. 压紧螺钉

浅孔钻钻孔的切削速度比高速钢钻头高 4 倍以上，可达 $v_c=80\sim120$ m/min，生产效率高 5～8 倍。刀片磨损后，只需更换刀刃或刀片，无需刃磨钻头。在钻头应钻削的长度内，不用退刀排屑，而且断屑可靠。由于钻头没有横刃，定心好，钻削时的轴向力也很小，十分轻快。钻头的切入切出短，缩短了进给行程，而且刀体可重复使用，其加工成本低。

通过多年的实践证明，浅孔钻不仅适用钻削一般材料，更适合钻削奥氏体不锈钢、高温合金特别是铸造高温合金等最难钻削的材料。

11. 内球面钻头

对于内半球面孔或圆柱孔底部为球面的孔，在没有其他工具或工装的情况下，可采用如图 2-41 所示的球面钻头钻出。

多大直径的球面，选用多大直径的钻头。刃磨时，先将钻头头部粗磨成半圆弧形，再把前面磨好，然后把钻头切削刃的形状用样板检查仔细刃磨好，并把钻头横磨窄和用油石把后刀面鐾光，即可钻削。若球径较大时，可先用一般钻头进行粗钻，然后用球面钻精钻。精钻一般钢材时，$v_c \leqslant 5$ m/min，并用润滑性能好的切削液，以防积屑瘤的产生，而保证工件表面粗糙度值。

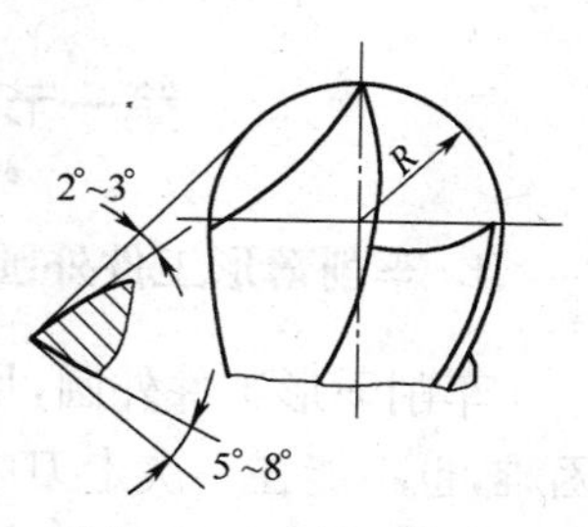

图 2-41　内球面钻头

第三章　车床夹具

第一节　典型夹具及使用

1. 车削薄形工件外圆夹具

车削薄形工件外圆，用卡盘装夹困难，也不能在一次走刀中把外圆车好，可采用如图 3-1 所示的夹具进行装夹车削外圆。

先车一个顶盖 4，再在卡盘夹一个比工件外径小一些的盘料，用车刀车平端面，就可按图所示装夹工件了。在车削工件外圆前，必须用较大力，将工件顶压紧，它是靠摩擦力传递扭矩。此种装夹方式，除装夹薄壁盘类工件外，还可用于其他类似工件外圆和外部端面的车削。

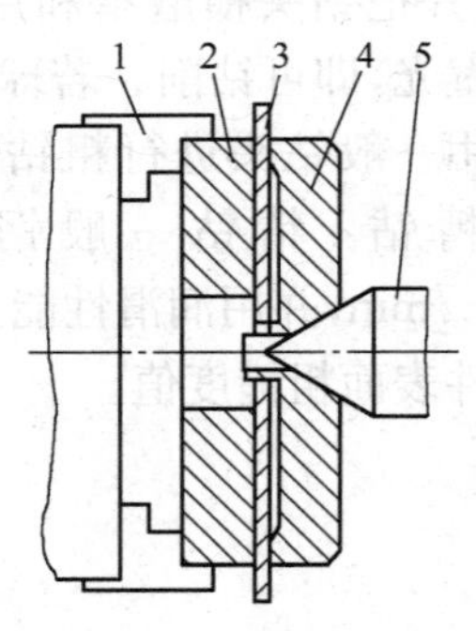

图 3-1　车薄形工件外圆夹具

1. 卡盘；2. 夹座；3. 工件；4. 顶盖；5. 回转顶尖

2. 用四爪单动卡盘和 V 形铁装夹工件

当有的车床只有四爪单动卡盘或用四爪单动卡盘车削几件相同偏心轴(套)时，就可用如图 3-2 所示的方法，用三个卡爪夹住 V 形铁，用一个卡爪来夹紧工件进行车削工件。

两种情况，只在装夹第一件时，需找正工件外圆或偏心圆。在装夹第二件以后的工件时，只需松开和夹紧卡爪 1 即可，就不需再找正，节约了大量的辅时间，也不易把偏心工件夹伤。

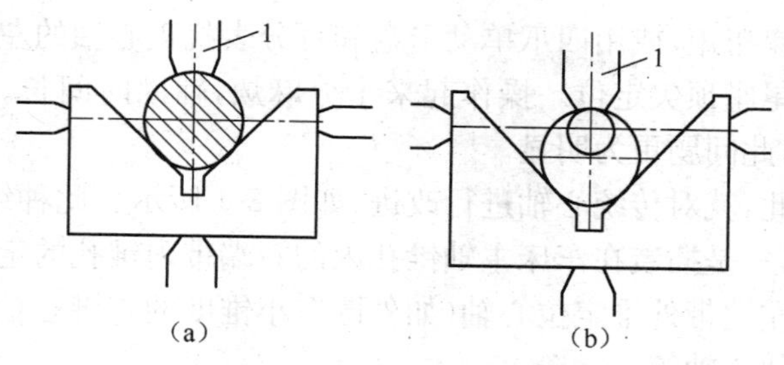

图 3-2　用四爪单动卡盘和 V 形铁装夹工件

(a)装夹轴类;(b)装夹偏心件

3. 车床上简易套螺纹夹具

在车床上用板牙套螺纹,可采用如图 3-3 所示的套螺纹夹具。它是在莫氏锥柄套筒 8 内,装有一个内滑套 6,并在前端装上板牙 3,用顶丝 1 固定,在颈部钻出一个斜孔 4,以使冷却润滑液进入切削区。为了防止内滑套转动,在它外圆上装一个导向销 2,并能在莫氏锥柄套的长槽中轴向移动。套螺纹时,只需把锥柄套筒插紧在尾座套筒锥孔内,移动尾座使板牙靠紧工件头部,由橡胶垫 7 的弹力使板牙套入工件。终止套螺纹时,开反车使板牙退出工件。在整个过程中,一般不用紧固车床尾座。

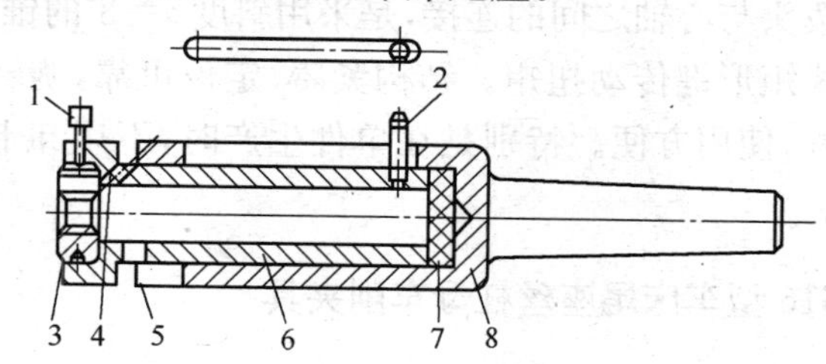

图 3-3　简易套螺纹夹具

1. 顶丝;2. 导向销;3. 板牙;4. 斜孔;5. 排屑孔;
6. 内滑套;7. 橡胶垫;8. 莫氏锥柄套筒

4. 快装心轴

在车床上传统安装心轴的方法,是采两顶尖定位,用鸡心夹和拨盘传递扭矩，或用四爪单动卡盘和百分表找正心轴的左端，右端用车床尾座顶尖定位。操作起来十分麻烦，辅助时间长。在单件生产中，此问题更为明显。

为此，就对传统心轴进行改进，如图 3-4 所示。此种结构分为两部分，一是插装在车床主轴锥孔内的右端带内锥孔的定位拨头，另一是左端带外锥定位心轴（如外圆有小锥度的花键心轴、圆孔心轴或其他心轴等）。

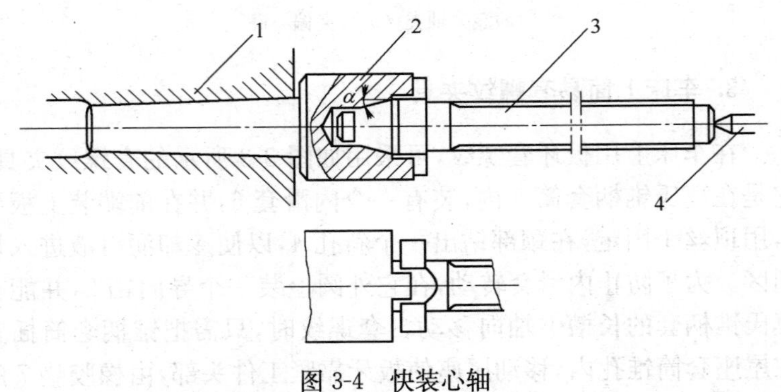

图 3-4　快装心轴

1. 车床主轴；2. 定位拨头；3. 心轴；4. 尾座顶尖

定位拨头与心轴之间的连接，是采用斜度 $\alpha=8^{\circ}$ 的锥面定位和对称牙嵌式矩形键传动扭矩。结构紧凑、定位可靠，旋转平衡，加工工艺性好，使用方便。特别是在单件生产时，不用卸卡盘，就可安装使用。

5. C616 型车床尾座丝杠母车削夹具

如图 3-5(a)所示的为 C616 型车床尾座丝杠母。在采用如图 3-5(b)所示的夹具前，是采用刨床把工件外形刨削至要求，再划好 Tr18×4 螺孔位置线，然后由车工用四爪单动卡盘或找正盘的划针按划的线找正，车削内螺纹。这样就使 $R30$ 的弧面中心和工件螺纹中心产生了较大的位置误差，质量难以保证，而常常废品率很高。

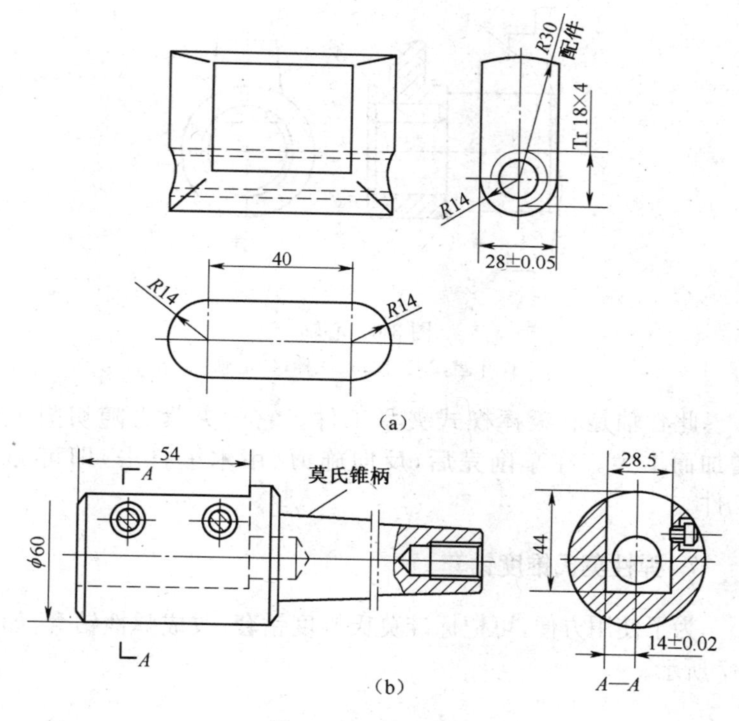

图 3-5　工件和夹具

使用时,把刨好(*R*30 留出余量)的螺母坯放在夹具槽内,用两个螺钉夹紧,插紧在车床主轴锥孔内。先用外圆车刀把 *R*30 的实际尺寸车好,再用中心钻钻一个钻头定位孔,并用钻头钻出螺纹小径孔,最后车配梯形内螺纹。

此夹具解决了工件在加工过程中,定位基准不统一和不重合的问题,使工件在车削后符合装配的要求,省去了划线和找正的时间,保证了工件所要的质量。

6. 快装易卸的心轴

当一个工件车好一个端面和内孔后,需车另一端,可采用如图 3-6 所示的心轴,快装易卸,十分方便。

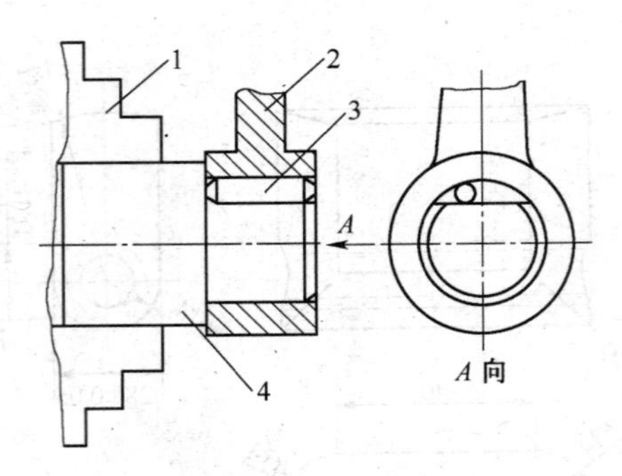

图 3-6 心轴

1. 卡盘;2. 工件;3. 滚棒;4. 心轴

此心轴是利滚棒楔式夹紧工件。它的夹紧力随切削力的增加而增大。在车削完后,反向施力(用木锤打击)即可卸下工件。

7. 弹性莫氏锥度钻套

为了使用方便,可把标准莫氏锥度钻套,改成弹性钻套,如图3-7 所示。

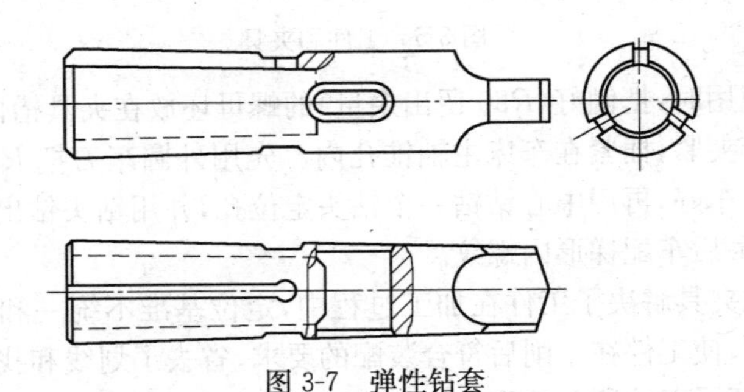

图 3-7 弹性钻套

原来机床上所使用的均是刚性钻套,用完后卸下钻头、铰刀等刀具时很费劲。改用弹性钻套后,克服了上述缺点,装卸十分省力。尤其是在卸刀具时,只要轻轻一磕即可卸下。它的夹紧力随轴向力的增大而增大,安全可靠。

8. 车床用撞击式钻套

如图 3-8 所示为撞击式钻套，它是钻套 2、撞块 3、螺钉 4 组成。撞块材料为 45 钢，淬火硬度为 35～40HRC。这种钻套在卸钻头 1 时，只要手握钻套向下撞击撞块，钻头即可脱出。

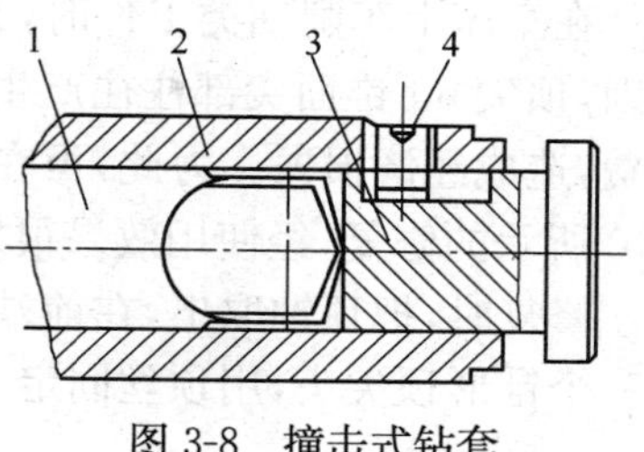

图 3-8　撞击式钻套

9. 三爪自定心卡盘爪的修复

车工对三爪自定心卡盘长期使用后，卡爪内面磨损，往往呈喇叭形，工件定位不好，直接影响工件的装夹和精度。为此，就采用了如图 3-9 所示的研磨方法，对卡爪内面进行修复。这种方法简单、经济、效果好。

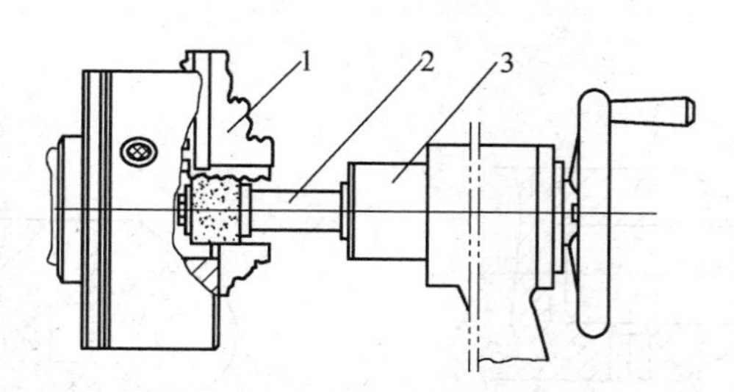

图 3-9　修复卡爪示意图

1. 卡盘；2. 磨具；3. 尾座

研磨时，先选择直径小于卡盘体内孔的砂轮，磨料为白刚玉，粒度为 F46～F60，安装在带有莫氏锥柄的磨杆上，以便于安装在车床尾座锥孔内。然后将卡盘爪移至与砂轮外圆接触，开动车床，使卡盘大于 $n=900$ r/min 的转速旋转，再摇动尾座手轮，使砂轮前后往复移动，研磨几次后，再把卡爪适当收小，这样重复几次，视爪面都研磨好即可。

10. 巧修复回转顶尖

在车床上车削轴类工件时，常用回转顶尖支承。由于使用的原因，顶尖60°锥面尖部往往产生划伤、烧伤、折断，这样就使顶尖报费，造成经济损失。为此，可在原来回转顶尖的基础上，作如图3-10所示的修复，经使用效果很好。

修复时，把顶轴取出，在前端车一个与轴承位的同轴孔，再配制一个锥形顶尖头，用顶丝固定，即可正常使用。

11. 钢球球头顶尖

在车床上偏移尾座车削长度较长的圆锥体工件，均是采两顶尖定位装夹，这时必须采用两球头顶尖。若采用一般顶尖，会把工件中心孔研成大于60°，而60°内锥面也会研成弧面。由于球头顶尖制造困难，磨损后修复也麻烦。为此，可把一体的球头顶尖改成为如图3-11所示的两体，由反顶尖体(带中心孔的顶尖头部)和轴承滚珠组成。

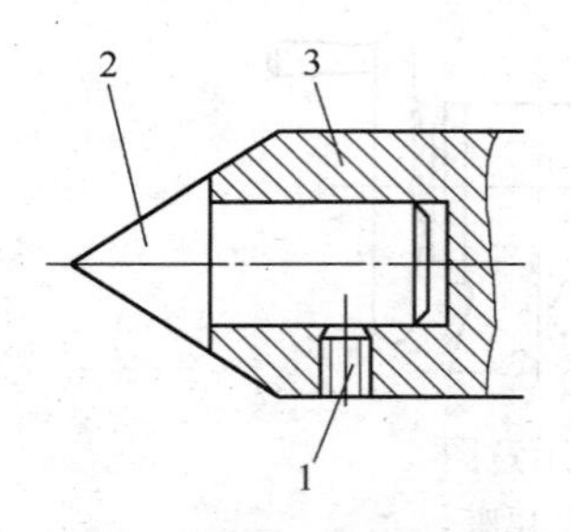

图3-10　回转顶尖尖部的修复

1. 顶丝；2. 顶尖头；3. 回转顶尖

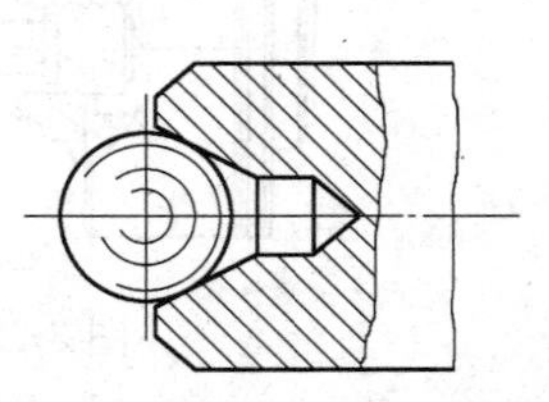

图3-11　球头顶尖头部

它是将顶尖体的60°尖部钻一个中心孔，成为反顶尖。在使用时，中心孔中涂上油脂，并放一个钢球，即可顶在工件中心孔中，就可在偏移尾座后车锥体。如果钢球在使用过程中磨损了，换一个钢球即可。

12. 减少碎屑进入卡盘体内的方法

在车床上使用的三爪自定心卡盘，常因细小碎屑进入卡盘体内，致使卡爪与平面螺纹之间或小伞齿轮与大伞齿轮之间堵塞，造成卡爪松开或夹紧不顺畅甚至卡死，同时也加剧卡盘零件的磨损，而影响卡盘的正常工作。为此，不得不将卡盘卸下拆开进行清洗，十分麻烦。针对这一情况，将卡盘的体内孔车成外大内小斜度大于1°的顺锥孔，使切屑碰到卡盘体内孔时，得到一个向外飞溅的分力而被甩出去。从而就减少碎屑进入卡盘体内的机会，使卡盘顺利正常的工作。

卡盘嵌屑的另一个原因，是卡盘法兰盘止口高度不够，造成法兰盘与卡盘后盖间的间隙过大，容易使碎屑进入。这就要求在配制法兰盘时，使间隙控制在 0.1 mm 以内，以消除切屑进入。

13. 三爪自定心卡盘失去定位精度恢复的措施

三爪自定心卡盘使用方便，广为采用。但经长期使用，它的零件磨损、变形，或卡爪呈喇叭状，失去工件的定位精度，使车出的台阶轴(套)同轴度超差。为此，可用如图 3-12 所示的开口套来解决。

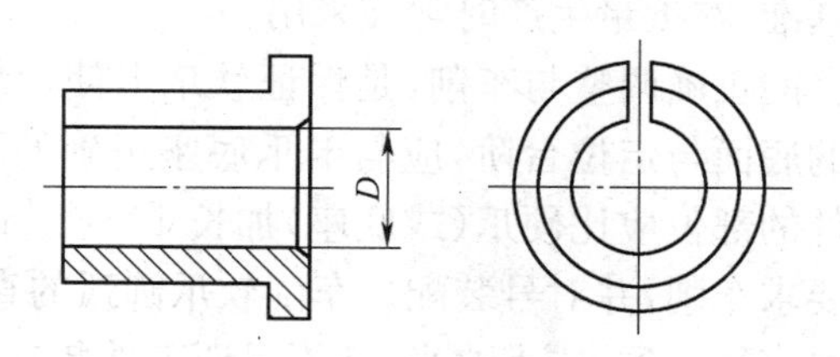

图 3-12　开口套

先把壁厚约 5～7 mm 开口套的外圆、台阶车好，并粗车内孔留 0.5～1 mm 的余后，铣 3～5 mm 宽的开口。再用三爪自定心卡盘夹住，使开口套的台阶面靠实在卡爪端面。再精车内孔，使开口套的内孔直径与被夹工件外圆滑配合，然后在开口套外端面与卡爪在同一位置刻一记号，以便在第二次装夹时对位。最后把工件插入开口套后夹紧，或用尾座顶尖顶好，即可对工件车削。在松开卡盘卸下工件，开口可不必卸下，如果卸下了，在第二次装夹时，开口套还应保持原的位置，否则会影响定位精度。用这种方法安装工件的圆径向跳动可小于 0.02 mm。

14. 软爪卡盘的使用与调整方法

在车削批量或薄壁工件时，常使用带软爪的三爪自定心卡盘，以提高工件的定位精度和减小工件变形。为了根据实际需要随时改变爪面圆弧直径与形状，把淬火的三爪改成为未淬火的钢、铜或铝合金的软爪。如三爪是两体的，就可上一层爪部改为软金属。如卡爪是一体的，可在爪上固定（包括焊接）一块软金属，车成所需要的软爪。

软爪卡盘的卡爪正确车削后，可以提高工件的定位精度与减小工件夹紧变形。如新三爪自定心卡盘，用软爪安装后的定位精度可小于 0.02 mm。如用旧卡盘，它的平面螺纹磨损较严重，使用软爪后的工件定位精度可小于 0.05 mm。软爪卡盘装夹工件，不易夹伤工件表面。对于薄壁工件，可采用扇形软爪，增大卡爪与工件的接触面积而减小工件变形。软爪卡盘适用于已加工表面作为定位的精基准，在批量生产时常被采用。

软爪卡盘的正确调整与车削，是保证软爪卡使用精度的首要条件。软爪的底面与定位台阶，应与卡爪底座正确的配合。软爪用于装夹工件的部位应比硬爪（或底座）加长 10～15 mm，以备多次根据工件要求车削，并对号装配。车削软爪圆弧的直径，最好与被装夹工件的直径一致，或大或小，都不保证工件装夹的精度。在车软爪时，为了消除卡爪与平面螺的间隙，必须在卡爪内（用于夹紧时）或卡爪外（用于反爪涨紧时）安装一适当直径的圆柱或圆环，并且和使用卡盘的方向一致，否则不能保证工件的定位精度。

15. 弹性回转顶尖

如图 3-13 所示，是一种新型回转顶尖，它是顶尖 1、压盖 2、莫氏锥套3、滚针轴承4和6、隔套5、弹簧7、垫圈8、调节螺钉9、防松螺母10、推力轴承11和隔圈12组成。

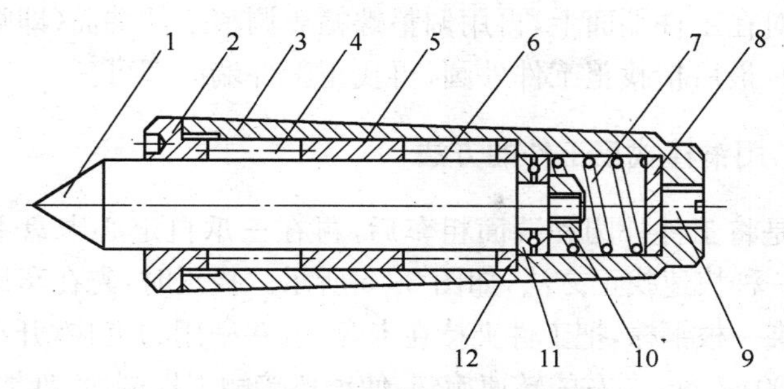

图3-13　弹性回转顶尖

这种弹性回转顶尖，能自动调节因工件受切削热的影响变形伸长的问题，避免工件弯曲。双排精密的滚针轴承，提高了顶尖的承载和运动的稳定性，从而提高了工件的加工精度。

16. 大型盘类工件的找正

在车床上车削较大型盘类工件时，需要找正。特别是在找正工件平面时，一般用铜锤敲击工件平面，使工件位移而达到要求，操作起来费力又费时。如采用如图3-14所示的调整螺帽，就能很快而省力地将工件平面找正，其误差可小于0.02 mm。

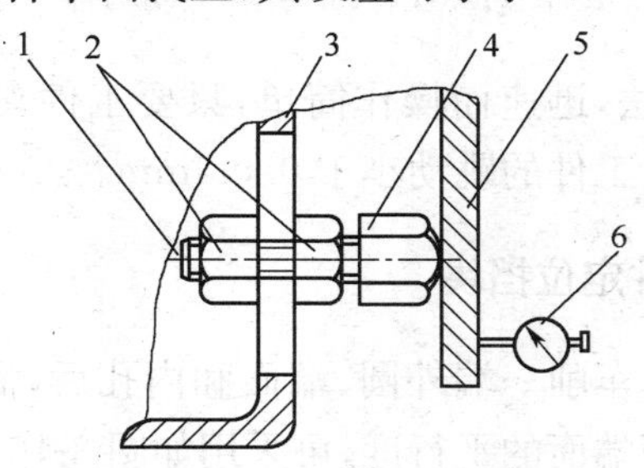

图3-14　用螺帽找正平面示意图

1. 螺栓；2. 紧固螺母；3. 卡盘体；

4. 调整螺帽；5. 工件；6. 百分表

先将四套调整螺帽均布分别安装在四卡单动卡盘体平面的长槽内，用紧固螺母固定，然后把工件夹在卡盘上，粗找正外圆后，将百分表对在工件端面上，再用调整螺帽 4 调整工件端面（即哪处低顶那里），最后精找正工件外圆，再找正工件端面即可。

17. 用铜棒找正工件的方法

它是将工件外圆和端面粗车后，再在三爪自定心卡盘上安装工件的一种快速找正方法，如图 3-15 所示。找正时，先在车床方刀台上装夹一根铜棒，把工件夹持在卡盘上，并稍用力夹住，开动车床以 n=100 r/min 左右的转速旋转，使铜棒接触工件端面（盘类工件）或轴的外圆，并摇动拖板施加一定压力，使铜棒端面与工件全部接触，再缓慢均匀使铜棒离开工件后，停车再夹紧工件即可。

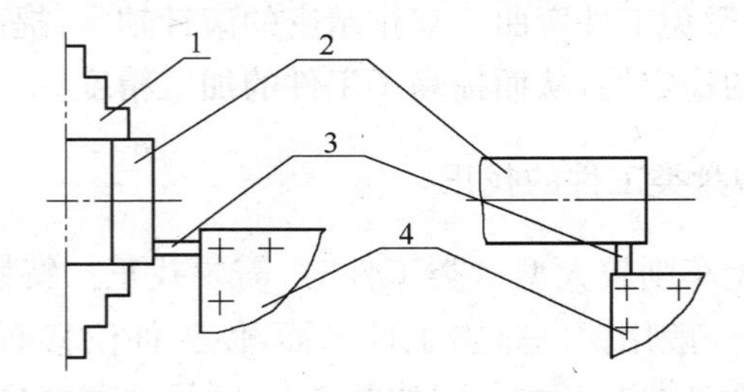

图 3-15　用铜棒找正工件

1. 卡盘；2. 工件；3. 铜棒；4. 方刀台

此种找正方法，迅速而操作简单，只要工件夹持长度 10 mm 左右，一般找正后工件的跳动小于 0.02 mm。

18. 盘类工件定位挡块

对盘类工件，车削一端外圆、端面和内孔后，需要车削另一端面时，为了达到两端面的平行度，可采用如图 3-16 所示的挡块。

使用时，将挡块的锥柄插入车床主轴锥孔内，为了保证挡块端面与车床主轴中心线垂直，挡块装好后，应把端面精车一次，以此端面作为工件的定位基准。装夹工件时，把工件端面紧靠在此端面上后夹紧，以保证工件两端面平行。如果工件需要车削内孔，还需在挡块端面车削一个大于工件孔径 2～3 mm，深 3～5 mm 的内孔，以便刀具能车出。

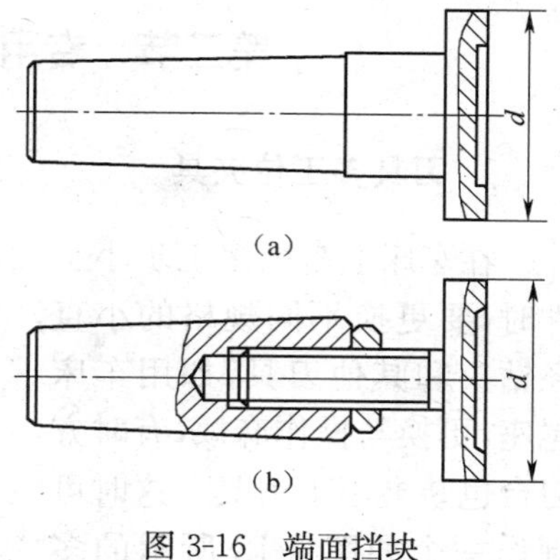

图 3-16 端面挡块
(a)整体挡块；(b)可调挡块

为了适应工件夹持长度和直径的变化，可采用如图 3-16(b)所示的可调可换的挡块。挡块不需淬火，以便在调整后精车端面，以保证其垂直度。

19. 车床主轴反顶锥套

图 3-17 所示为主轴反顶锥套，将它装在车床主轴锥孔内，与尾座上的回转顶尖配合起来安装轴类工件，车削轴的外圆各种表面。

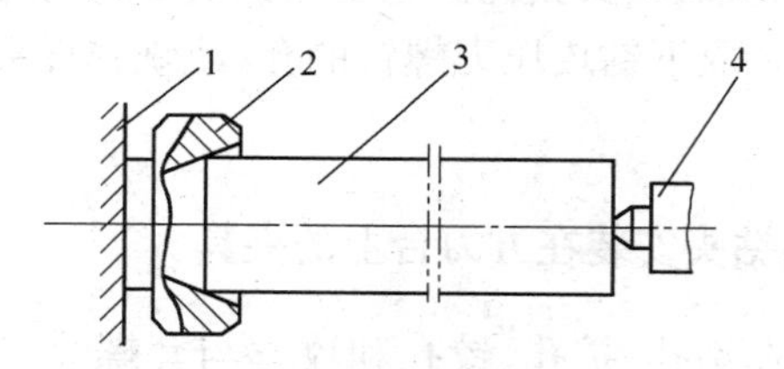

图 3-17 反顶锥套使用示意图
1. 车床主轴；2. 反顶锥套；3. 工件；4. 回转顶尖

反顶锥套的定位锥孔的大端直径应比工件外径大 5～8 mm，内锥孔的斜角为 15°～20°，它与主轴的中心跳动小于0.02 mm，以保证有较高的定位精度。也可在内锥面上加工成鼠齿牙，以防止在车削工件打滑。光滑的内锥面制造简单，正确使用，不仅轴的端面外圆处没有刻痕，同样也可达到满意的效果。反顶锥套采用工具钢或 45 钢制造，淬火硬度为 42HRC。工件是靠反顶锥套和回转顶尖顶紧时的摩擦力来传递扭矩的，所以在使用时，一定要用力顶紧。它可以在不停车状态下装卸工件。

第二节　专用夹具及使用

1. 刀具多工位夹具

在车床上车削多工步小工件时，要更换不同规格的小直径钻头和其他刀具，如用车床尾座，更换与操作麻烦，有时方刀台也装夹不下刀具。这时可制作一个如图 3-18 所示的多工位刀具夹具，同时可以装夹多个不同规格的刀具，以适应多工步复杂工件的车削。

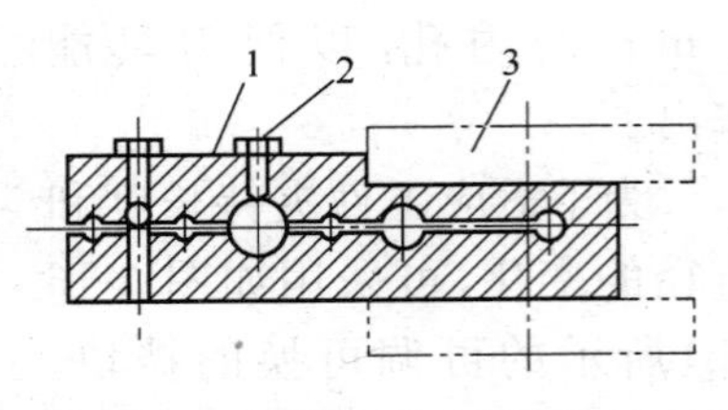

图 3-18　多工位刀具夹具

1. 刀夹；2. 压刀螺钉；3. 方刀台

制作时，先把刀夹的外形加工好。为了保证装刀孔的高度与车床主轴中心等高，把刀夹夹在方刀台上，在卡盘上夹好中心钻钻一定位孔，再用所需钻头钻孔。重复上面的步骤，依次钻完所需不同刀具的各孔。取下钻攻压刀螺钉的孔，或铣弹性夹紧通槽后，即可使用。

2. 把锥柄钻头安装在方刀台上的夹具

一般车床在钻孔、扩孔、铰孔和攻丝与套螺纹时，都是使用车床尾座手动进给，不能自动进刀，劳动强度大，而且加工长度也受限制。为此可制作一个如图 3-19 所示的夹具，安装在方刀台上，安装上述刀具，利用车床大拖板自动进刀，进行钻孔和扩孔及铰孔等工作。

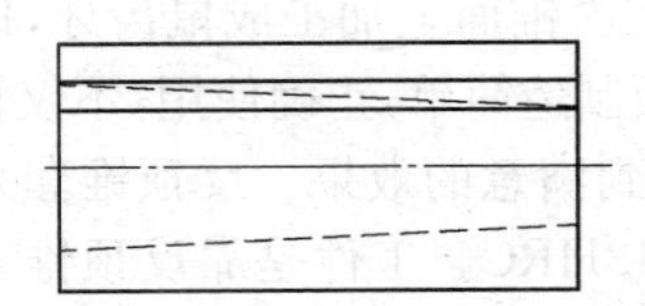
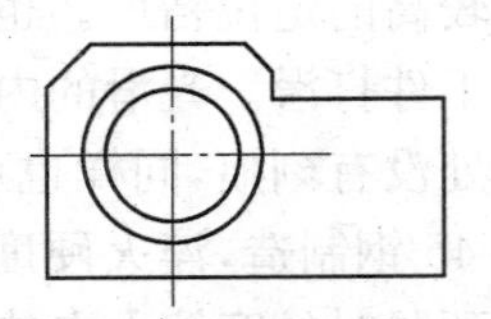

图 3-19　利用大拖板自动进刀钻孔夹具

夹具图中未注尺寸，是因为各种卧式车床规格不一样，所需的莫氏锥孔直径和长度不同，所以在哪个车床上使用，就根据具体要求来确定尺寸。在制作时，先加工好外形与长度。然后安装在所使用的车床方刀台上，把中心钻夹在卡盘上，找好莫氏锥孔中心钻一个中心定位孔，再用圆锥小端直径钻一通孔。最后用莫氏锥孔铰刀，对夹具孔进行粗铰和精铰。这样夹具就做好了，而且莫氏锥孔的中心高度与车床主轴中心高度一致。

使用时，把钻头等刀具插紧在夹具锥孔内，用中拖板调整横向中心，即可用大拖板走刀钻孔、扩孔和铰孔了。如要攻丝或套螺纹，也可把工具插装在夹具莫氏锥孔中进行。以此来代替车床尾座，还能自动进刀，十分方便。

3. 螺纹夹具

在车削加工中，常遇到一端已车好的螺纹的工件，需要再车削另一端的情况。如果用卡盘直接夹螺纹，螺纹会损坏。如果采用螺纹来定位，拧在一个螺母上，车削完后卸下又麻烦。若采用如图 3-20 所示的螺纹夹具，就能用手轻而易举的拧下工件。

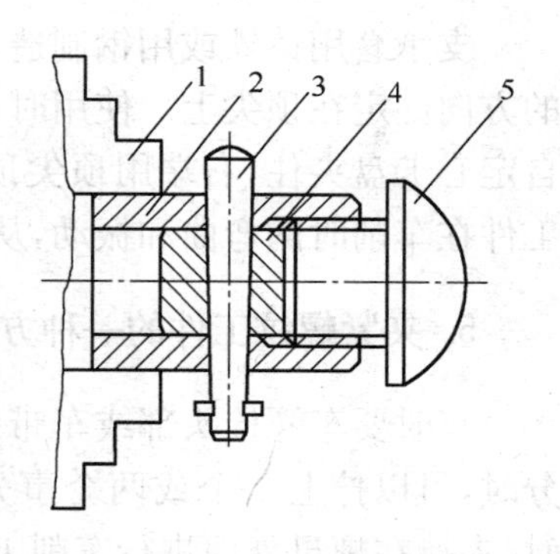

图 3-20　螺纹夹具

1. 卡盘；2. 螺母；3. 锥销；4. 挡块；5. 工件

使用时，先将锥销插紧在螺母和挡块中，使挡块轴向固定。然后把工件拧入螺母中，并与挡块靠紧，待工件车削完后，圆锥销退出，使挡块与工件的顶紧力消除，工件便可不费力的卸下。

4. 车削直径小而细长螺纹支承套

在车床上车削直径较小而长度较长的梯形或矩形螺纹时，为了提高切削用量和防止工件弯曲，可在顶尖上安装一个如图 3-21 所示的支承套。

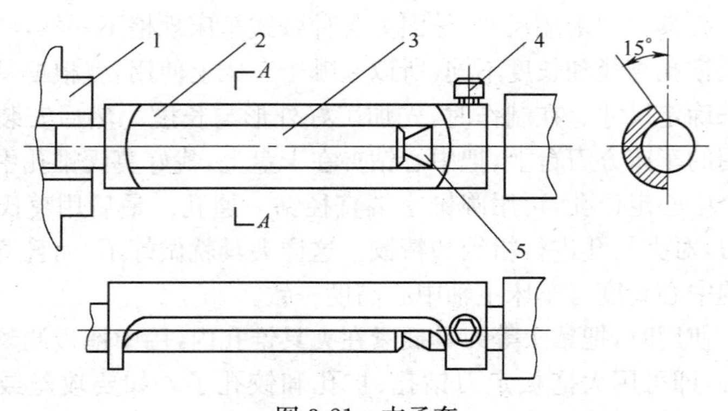

图 3-21　支承套

1. 卡盘;2. 支承套;3. 工件;4. 紧固螺钉;5. 顶尖

支承套用铸铁或用钢制造,其内径与工件外径滑配合,按图示的方向固定在顶尖上。使用时,把工件放入支承套内,左端用三爪自定心卡盘夹住,右端用顶尖顶好,工件在支承套内旋转,就避免工件在车削时的弯曲和振动,从而提高了工作效率和质量。

5. 夹紧螺纹工件的一种方法

有时要车螺栓头部或车带螺纹的工件,而不得不夹持螺纹部分时,可以拧上一个或两个事先锯了开口的螺母,在用卡盘装夹时,夹持在螺母外面进行车削工件另一端。这样既不损坏螺纹,又可安全地进行车削。

6. 四工位钻夹头

一般车床尾座锥孔内,只能安装一把刀具。若工件在一次装夹时,需要进行钻、扩、铰、攻丝等多工步时,必须多次更换刀具,十分麻烦,而增加了辅助时间。为此,可采用如图 3-22 所示的多工位夹头。

使用时,将夹具锥柄插入尾座锥孔内,转盘上有四个短莫氏 2 号内锥孔,可以同时安装四个钻夹头或其他工具,在上面安装不同的刀具。需要转位时,把锥形定位销拔出,转动转盘到所需的工位

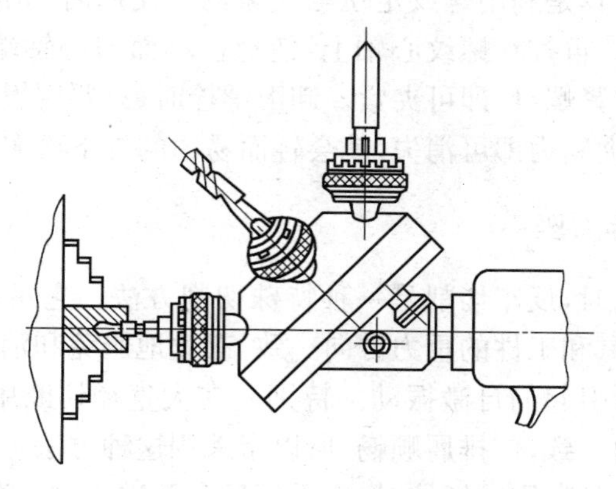

图 3-22　四工位夹头

后，松开锥形定位销，在弹簧的作用下，即可自动定位，进行加工。

在加工四工位夹具上四个莫氏锥孔时，应先把夹具组装好，再把夹具锥柄插入在车床主轴锥孔内，分别用定位销定位后加工这四个孔，以保证四个孔的中心与车床主轴中心同轴。

7. 螺栓夹具

在车削各种双头螺栓时，当一端螺纹已车好，需要车削另一端螺纹，可采用如图 3-23 所示的夹具来装夹，不仅使用方便，不会损伤螺纹，适用于批量生产。

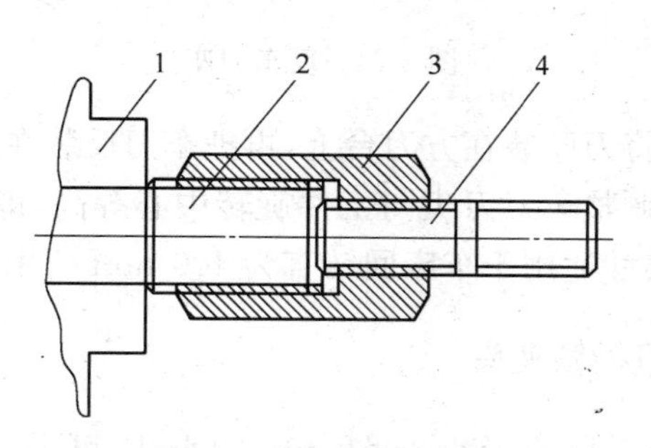

图 3-23　螺栓夹具

1. 卡盘；2. 心轴；3. 六方螺母；4. 工件

这种夹具是利用螺纹定位与夹紧的。使用时，先把螺栓拧入六方螺母中，再拧在螺纹心轴上，使螺栓端面与心轴端面接触，然后用扳子拧紧螺母，即可夹紧。卸下螺栓时，只要用扳子拧退一下六方螺母，夹紧力即可消失，就会轻而易举的拧下已车好的螺栓。

8. 反车刀座

在车削时，反车切削是一种特殊切削方法。它可以使切削力与机床、夹具和工件的重力方向一致，有效地避免和消除由于车床主轴间隙所引起的自激振动。特别是在大直径切断中，切屑流出与重力方向一致，使排屑顺畅，所以常采用这种方法。还有在单件小批量车削各种圆锥螺纹时，也采用反车随进法进行车削，使操作方便。但是无论何种目的进行反车时，都需制造反车车刀，十分麻烦。为此采用如图 3-24 所示的反车刀座，就可把正车用的车刀反装在刀座上，即可进行反车车削。

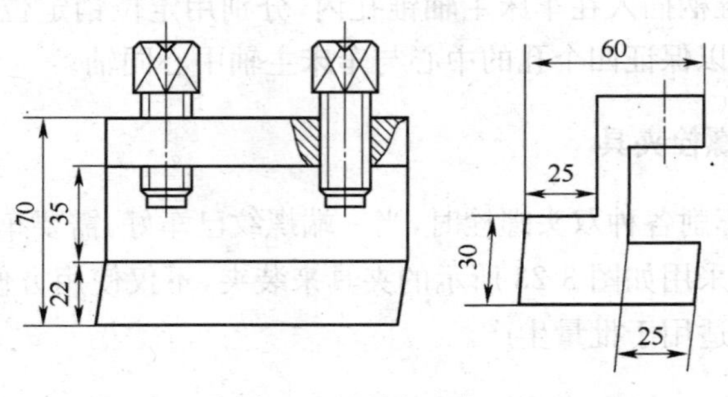

图 3-24　反车刀座

使用时，将刀座装在方刀台上，再把车刀反装在刀座的装刀槽内，并用刀垫调整车刀刀尖与工件旋转中心等高，即可进行车削。图示的刀座尺寸适用于车床回转直为 400 mm 所用。

9. 活动直柄钻夹头

在车床上钻削直径小于 $\phi 1$ mm 的小孔，可采用如图 3-25 所示的活动直柄钻夹头来钻削。

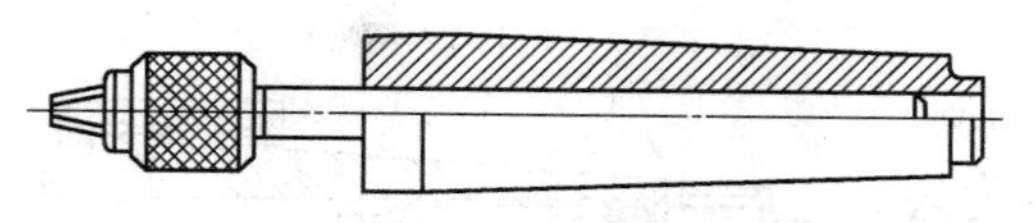

图 3-25　活动直柄钻夹头

使用时，锥套插入在尾座锥孔内，钻头装夹在钻夹头中，钻夹头直柄与锥套内孔滑配，保证自由移动。钻孔时，工件转速要大于 n=1 200 r/min，用手推动钻夹头作轴向进给，依靠手的感觉，随时调整进给速度和进刀、退刀与排屑润滑，避免钻头的折断。孔要钻透时，更要缓慢进给。

10. 强力硬质合金顶尖

如图 3-26 所示的强力、大头并在 60°锥面整个头部磨有四个 V 型槽的硬质合金顶尖，它比普通硬质合金顶尖，耐高速（8 000 r/min）、耐高压和高温，同时定位精度高（<1 μm），能形成耐高压和高温的润滑膜，比一般的顶尖耐用度提高 20 倍以上，能代替回转顶尖进行高速车削，现已广泛用于车床和磨床加工中。

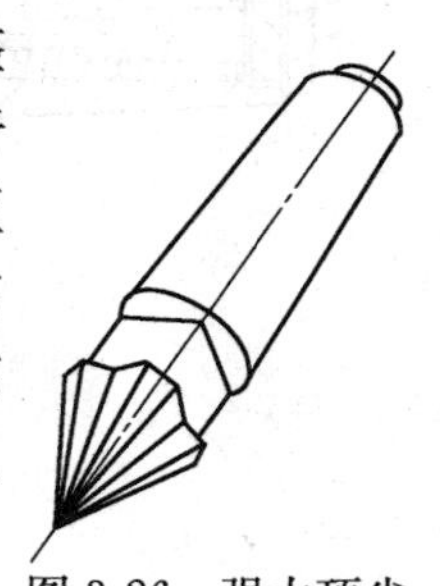

图 3-26　强力顶尖

11. 不停车自拨弹簧主轴顶尖

在车床上车削轴类工件时，有时采用一端夹一端顶或用双顶尖、鸡心夹和拨盘的方法装夹工件，比较麻烦，装卸工件还得停车。这时就可采用图 3-27 和图 3-28 两种不停车自拨式主轴顶尖。

这两种结构相似，图 3-27 是利用拨爪 2 后面的球面调整拨爪与工件端面的均匀接触。图 3-28 是利用护盖 6 与拨爪 8 和拨块 7 之间的间隙使爪面（三角形齿）与工件端面均匀接触。

使用时，把自拨弹簧顶尖插入主轴锥孔内，左手拿住工件，右手摇车床尾座手轮，使工件左端中心孔顶在自拨顶尖上，工件右端中心孔顶在回转顶尖上，再用力顶紧工件，即可进行车削。卸工件

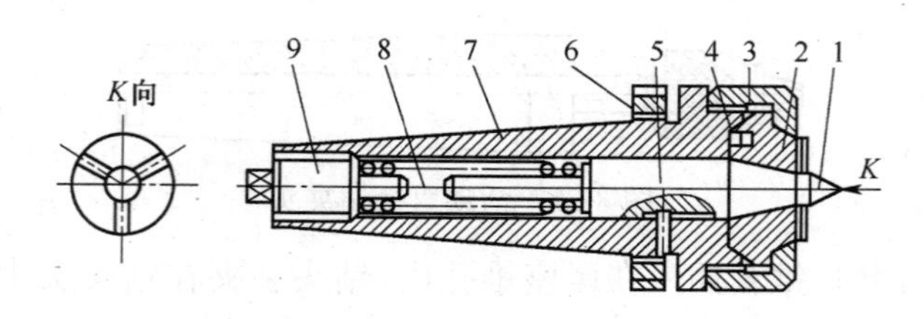

图 3-27　自拨弹簧顶尖

1. 顶尖;2. 拨爪;3. 护盖;4. 拨销;5. 挡销;
6. 螺母;7. 顶尖体;8. 压簧;9. 顶丝

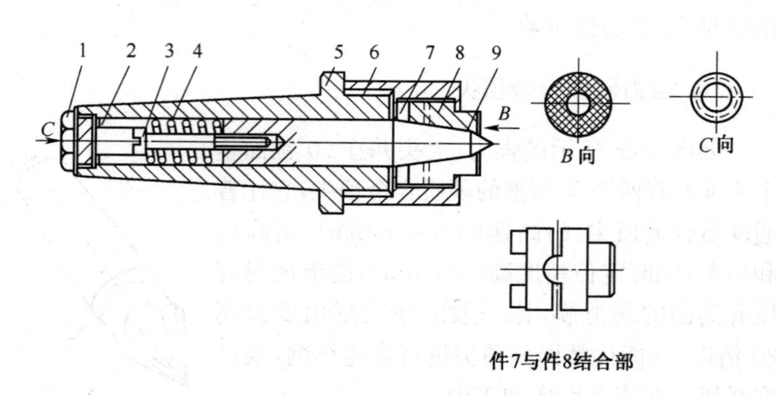

图 3-28　自拨弹簧顶尖

1. 螺钉;2、3. 调整螺钉;4. 弹簧;5. 顶尖体;
6. 护盖;7. 拨块;8. 拨爪;9. 顶尖

时,松开尾座顶尖,左手拿下工件即可。装卸工件不必停车。

12. 大型球面罐体端面车削夹具

如图 3-29 所示为大型球面罐体,直径约 1 000 mm,长度约 2 000 mm,此工件为铸造件,要车削右端面,可它的左端是球面,不能用卡盘装夹。因为是铸件毛坯,右端又不能用中心架,造成装夹困难。为此就设计了用顶杆 3 和回转顶尖 5 把工件球面顶在卡盘爪 1 上,在顶杆的右端用三根调整支承螺栓,找正工件右端外圆,这样一顶一支承,就可顺利车好端面。

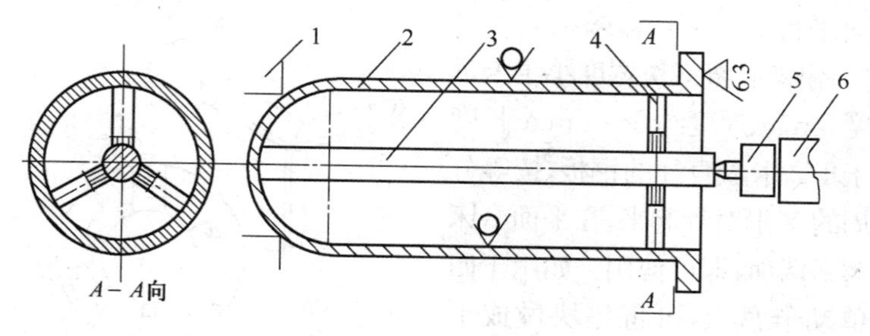

图 3-29　车球面罐夹具

1. 卡盘爪；2. 工件；3. 顶杆；4. 支承调整螺栓；

5. 回转顶；6. 尾座

13. 机用攻丝简易夹头

在车床上用丝锥攻内螺纹，可采用如图 3-30 所示的攻丝简易夹头。它是在带莫氏锥柄的固定套 3 上铣出一个长槽，方孔套 2 上拧一个固定螺钉 4，用来承受攻丝时扭矩，方孔套前端插入丝锥，在攻丝时可随丝锥轴向移动。采用不同规格的丝锥时，选用不同的方孔套。使用时，把夹头插入尾座套筒即可。注意在退出丝锥前，先把尾座套筒后退一点，以免螺孔口的螺纹损伤。

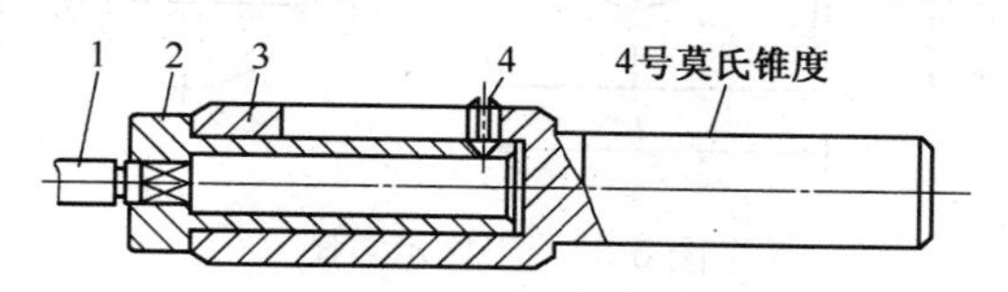

图 3-30　攻丝夹头

1. 丝锥；2. 方孔套；3. 固定套；4. 定位螺钉

14. 三爪自定心卡盘 Y 形平行垫块

在用三爪自定心卡盘装夹短于卡爪长度的盘类工件时，一般都需找正工件左面，不仅耗时，也难于保证两端面相互平行。为此可制作出如图 3-31 所示的 Y 形垫块，垫在卡盘端面和工件之间。装夹工件时，把工件靠实在 Y 形块端面上，这样就会保证工件两端面平行。

制作时，将三块宽度小于卡爪长度5 mm、厚度约5～8 mm、长度小于1/2卡盘直径的钢板，按等分圆周的Y形对焊起来，在平面磨床上磨平两面，即可使用。如用于四爪单动卡盘上，可将垫块做成十字形。

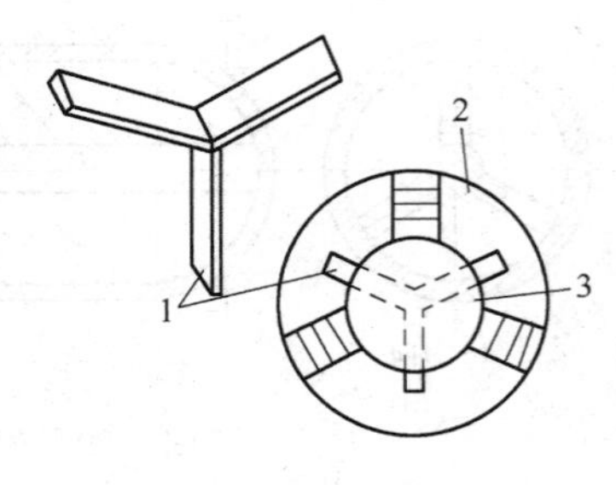

图3-31　Y形垫块

1. Y形垫块；2. 卡盘；3. 工件

15. 车削圆柱横穿孔可调夹具

在机床制造或修理中，常常遇到在圆柱上横穿孔或螺纹孔的工件，如图3-32所示。这种工件的通孔或螺纹孔(一般为梯形螺纹)，它的中心线与圆柱的中心线不相交，需在车好外圆后，装配后划好孔的位置线后，再夹在四爪单动卡盘上按线找正车削孔或螺纹。

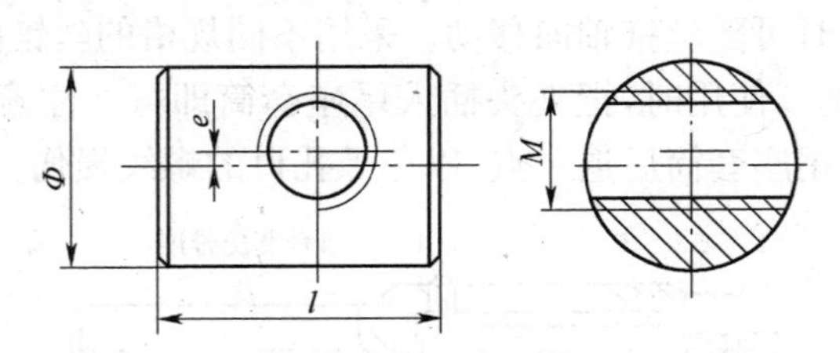

图3-32　工件示意图

以前，当工件划好线后，用四爪单动卡盘按线进行安装，再加工孔。可在找正过程中，调整夹在圆柱面上的两卡爪时，工件产生滚动，使划线孔的中心线产生角度位移，很难将工件找正，有时因此而产生废品。

为此，设计制造了如图3-33所示的夹具，通过长达近40年的使用，效果很好，无一废品，装夹时间由原来的几十分，缩短为不到两分钟。

使用时，根据工件外圆柱直径的大小，调整夹具后端的螺环

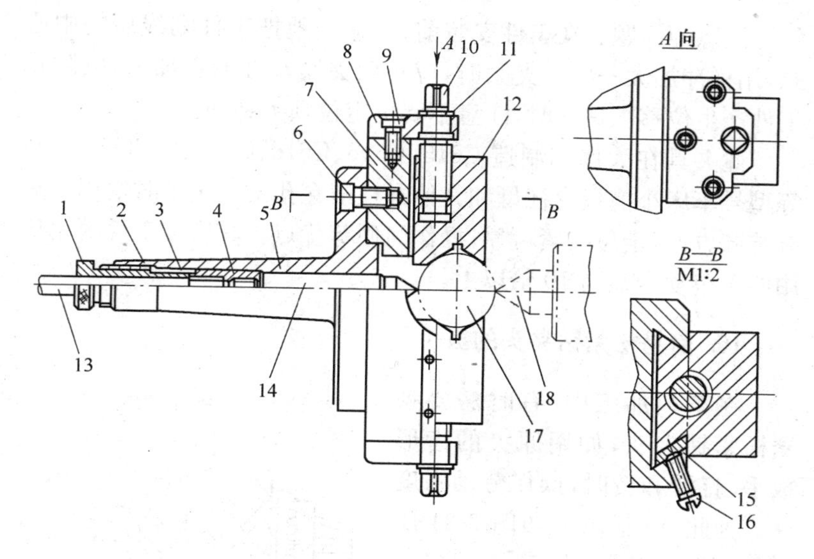

图 3-33　圆柱横穿孔可调夹具

1. 调整螺环；2. 弹簧；3. 垫套；4. 连接螺母；5. 锥套法兰；6. 螺钉；7. 夹具体；8. 支架；9. 紧固螺钉；10. 夹紧丝杠；11. 弹簧圈；12. 卡爪；13. 拉杆；14. 定位顶尖；15. 镶条；16. 镶条调整螺钉；17. 工件；18. 车床尾座顶尖

1，目的使夹具中的定位顶尖 14 和弹簧 2，在工件定位时，有一定的轴向推力和使工件定位可靠，拉紧拉杆 13 后，使定位顶 14 和工件有 10～15 mm 的距离，便于在车削螺纹时有退刀空间。然后将夹具锥柄插入车床主轴锥孔内，拧上拉杆 13，松开两 V 形卡爪，再用夹具中定位顶尖 14 和车床尾座顶尖 18，顶在工件横穿孔的两中心孔中，拧动两夹紧丝杠 10，使两卡爪靠近工件的圆柱表面，看 V 形爪两侧面和工件的圆柱面距离是否相等。如距离不相等时，摇动车床尾座手轮，借助于定位顶尖后端的弹簧力，来调整它们间的距离，使其基本一致，再轮番加力拧动两夹紧丝杠，将工件夹紧。最后移开车床尾座，拧紧车床主轴后端的拉杆螺母，使拉杆带动夹具中的定位顶尖后退离开工件，压缩弹簧，将整个夹具拉紧，完成了工件的安装。

注意的问题。在工件安装前，应适当地把工件划线后的中心孔，用样冲加大一些。夹紧时，应对两夹紧丝杠轮番加力，以防止工件产生位移。钻孔时，注意不要把定位顶尖钻伤。

此夹具在大修和制造 C615、C616、C618、C620、C620-1、C630 等型号车床小拖板丝杠母和其他圆柱横穿孔工件车削时使用。具有装卸方便，定位夹紧可靠，操作简便等优点。其安装工件效率比用四爪单动卡盘高 10 倍以上。

16. 简易松紧钻夹头的扳手

在车削加工中，有时需要频繁松紧钻夹头，如用原夹的齿形扳手，打滑和费时，操作劳动强度大。为此，就制作了如图 3-34 所示的简易松紧夹头扳手。

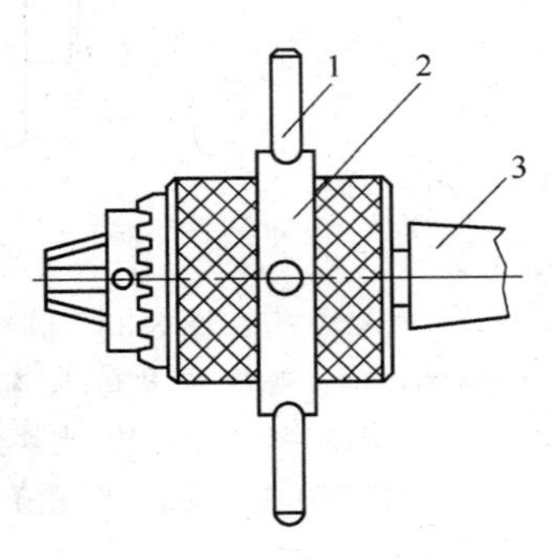

图 3-34　松紧夹头扳手

1. 扳手；2. 卡箍；3. 钻夹头

此扳手是在普通钻夹头外圆上，加装一个环形卡箍，并在卡箍的圆周均布 4 个螺孔，在螺孔中配装 4 个扳手。扳动扳手可使钻夹头松开或夹紧。更换钻头时，只需用手一推扳手就松开，一拉就夹紧，十分方便，省时省力。

17. 尾座多用夹头

如图 3-35 所示，此夹头由刀具（扳牙、丝锥、铰刀、钻头、中心钻等）。三爪自定心卡盘 2、内六角螺钉 3、手柄 4、法兰盘 5、锥销 6、锥套 7 组成。三爪自定心卡盘直径以小于 ϕ120 mm 为宜。锥销用于钻孔、铰孔和扩孔，在攻丝、套螺纹时，应把锥销拔出，用手柄控制卡盘旋转，以便使卡头前进后退。

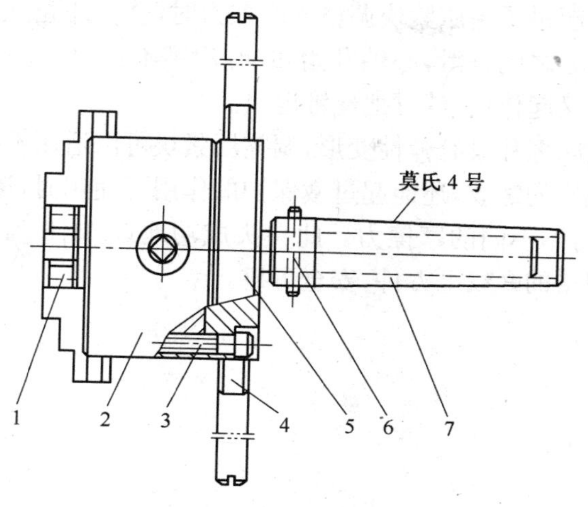

图 3-35　多用夹头

18. 攻螺纹夹头

摩擦式攻螺纹夹头，它是以尼龙为摩擦材料的攻丝工具。它具有体积小、重量轻、结构简单、工作平稳和持久耐用等特点。

利用尼龙特有的摩擦特性，制成如图 3-36 所示的攻丝夹头。它是两个 7∶24 内锥的尼龙摩擦片 6、锥柄外壳 5、心轴 7、压紧块 4、锁紧螺母 3、丝锥紧固螺钉 2 和丝锥 1 组成。

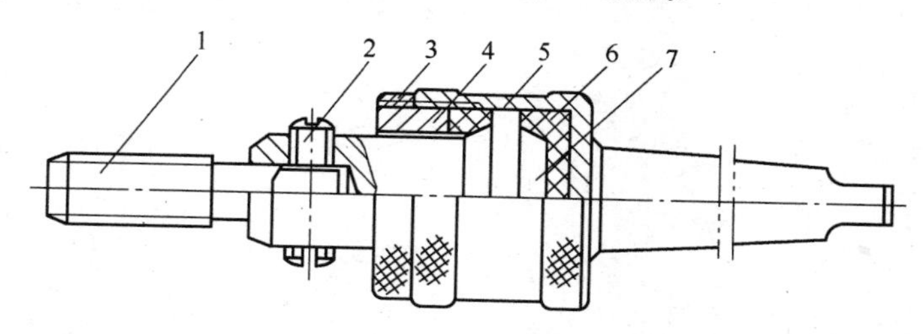

图 3-36　攻螺纹夹头

使用时，将夹头插入尾座锥孔内，不要紧固尾座，以便使丝锥进入和退出。丝锥在尼龙摩擦片的摩擦作用，进行攻丝。如果丝锥的扭矩超过了由压紧块调整的摩擦力时，会在外壳、尼龙磨擦片和心轴三者之间打滑，心轴开始转动，丝锥不再攻入。开反车后，以上三者又起作用，就可把丝锥退出。

尼龙摩擦片具有弹性变形，调整压紧块可以适用不同的扭矩，攻不同规格的螺纹，还能起过载保护的作用。使用时，逐步调整压紧块，以得到不同的摩擦力。此夹头成功地攻 M16 和 M18 及以下不同规格的螺纹上万件，安全可靠。

第四章 难切削材料的车削

第一节 难切削材料的车削

1. 淬火钢的车削

淬火钢是指金属经过淬火处理后，其组织为马氏体，硬度为50～70 HRC，抗拉强度为Rm2 100～2 600 MPa的钢。按照工件材料切削加工性分级，属于9a级，是难切削的材料。过去只能采用磨削，随着科技和切削加工技术的不断进步，现在可以对淬火钢进行车削、铣削、钻削、铰削和镗削。

(1) 刀具材料。硬质合金应首先选用添加TaC或NbC的硬度高和抗弯强度高的超细晶粒硬质合金。如YS8、YS10、YG813、YG600、YG610、YT726、YT758等；陶瓷刀片，如HS73、HS80、F85、SM、ST4等；立方氮化硼复合片，由于它的硬度比硬质合金高4倍多，而且耐热性高达1 400℃～1 500℃，十分适合高速车削淬火钢。

(2) 刀具几何参数。要根据刀具材料、工件材料的性能和车削条件来选择。一般情况下，$\gamma_o=-10°\sim0°$，如工件材料硬度太高又是断续车削，$\gamma_o=-20°\sim-10°$。如前角为正值的可转位刀片，必须磨出较大的负倒棱（$\gamma_{o1}=-15°\sim-10°$，$b_\gamma=1.5\sim2$ mm），以增大刀刃的强度。$\alpha_o=8°\sim10°$，$\kappa_r=30°\sim60°$，$\kappa'_r=6°\sim15°$，$\lambda_s=-10°\sim-5°$，$r_\varepsilon=1\sim2$ mm。对刀具各表面要仔细研磨，以提高刀具耐用度。

(3) 切削用量。淬火钢的耐热性为200℃～600℃，而硬质合金的耐热性为800℃～1 000℃，陶瓷刀具材料的耐热性为1 200℃～1 300℃，立方氮化硼的耐热性为1 400℃～1 500℃。除淬火后的高速钢外，一般的淬火钢在切削温度 200℃～400℃时，工件材料的切削表面硬度开始下降，而上述刀具材料的硬度不变，所以在连续车削淬火钢时，切速不能太低。以目前的经验，硬质合金刀具的 v_c＝30～75 m/min，陶瓷刀具的 v_c＝60～120 m/min，立方氮化硼刀具的 v_c＝100～200 m/min。在断续车削时，v_c 应为上述 v_c 的 1/2 左右。在连续车削时的最佳 v_c，是看切下的切屑为暗红色为宜。由于车削淬火钢的切削力大，故切削深度 a_p 和进给量 f，应小于车削一般钢材。

(4) 注意的问题

1) 在车削淬火钢螺纹时，采用硬质合金刀具，刀具 γ_o＝0°，但两刀刃必须磨出 γ_{o1}＝－20°～－10°、b_γ＝0.5～1 mm 的负倒棱。车削时，a_p＝0.1～0.15 mm，多走几次刀。并在车削前，用 45°偏刀在切入和切出处倒比螺纹牙高大一点的角。

2) 在钻淬火钢孔，特别是钻小孔时，应采用硬质合金钻头，如镶刀片和焊硬质合金钻头及整体硬质合金钻头。在钻孔前应把钻头的外刃前角和横刃改磨小，以增大钻刃强度和减小轴向力。在钻削时，v_c＝30 m/min 左右，不宜太低。入刀时慢一点，待切削表面软化后，才正式进刀。在钻削过程中，要勤退刀，否则因孔的热胀冷缩，将钻头卡住而折断。

2. 不锈钢的车削

通常把铬量大于 12％或含镍量大于 8％的合金钢称为不锈钢。这种钢在大气中或在腐蚀介质中，有一定的耐蚀能力。按其化学成分可分为铬不锈钢和铬镍不锈钢。按其金相组织可分为马氏体不锈钢、铁素体不锈钢、奥氏体不锈钢、奥氏体＋铁素体不锈钢和沉淀硬化不锈钢。由于不锈钢在切削时，加工表面硬化特别严重，表层硬度比基体提高 1.4～2.2 倍，单位切削力比切 45 钢大 25％。由于它的热导率只有 45 钢的 1/2～1/4，所以切削温度在同样的条件比切 45 钢高 200℃左右。它和刀具材料亲和性强，易产生黏结、扩散、月牙洼磨损和积屑瘤。所以它的切削加工性很差，给车削带来了困难。特别是奥氏体不锈钢和奥氏体＋铁素体不锈钢，其切削加工性更差。

(1) 刀具材料。车削不锈钢，应选用耐热性高、耐磨性好、与不锈钢亲和作用小的刀具材料。

1) 高速钢。应首选高碳、高钒、含铝和钼、钴高速钢。如95W18Cr4V、W6Mo5Cr4V2Al、W12Cr4V2Mo、W2Mo9Cr4VCo8、W10Mo4Cr4V3Al 等。它们的刀具耐度为普通高速钢几倍。普通高速钢也可车削不锈钢，只不过 v_c 和刀具耐用度低而已。

2) 硬质合金。应选含 TaC 或 NbC 细晶粒和超细晶粒 YG(K)或 YW(M)类的硬质合金。如 YG813、YS2、YS8、YG643、YW4、YD15 等。可减小因亲和作用造成黏结磨损，同时刀具耐用度也高。一般硬质合金，如 YG6、YG6x、YG8N、YW1、YW2 等，也可以车削不锈钢。还可以采用涂层硬质合金(最好是 TiAlSi)车削不锈钢，如 GC015、GC415、ZC05、ZC07，以提高刀具耐用度。

(2) 刀具几何参数。为了减小切削力、塑性变形和加工硬化，$\gamma_o=15°\sim30°$，对奥氏体和奥氏体＋铁素体及马氏体不锈钢取小值。$\alpha_o=8°\sim12°$、$\kappa_r=45°\sim75°$，$\kappa'_r=8°\sim15°$，$\lambda_s=-8°\sim-3°$。断屑槽采用全圆弧型或直线圆弧型，断屑槽宽度 $Bn=3\sim5$ mm，圆弧半径 $Rn=2\sim8$ mm，小值用于精加工。$\gamma_{o1}=-15°\sim-10°$，$b_\gamma=(0.5\sim0.8)f$。

(3) 切削用量。如 45 钢的相对切削加工性为 1，不锈钢的相对切削加工性只有 0.3～0.5，直接影响切削速度。由于它的切削加工硬化严重，a_p 和 f 不能小于硬化层深度，否则在硬化层中切削，加剧刀具磨损。高速钢刀具 $v_c=12\sim20$ m/min；硬质合金刀具 $v_c=40\sim60$ m/min。粗车时，$a_p=2\sim5$ mm，$f=0.15\sim0.4$ mm/r；精车时，a_p 和 $f>0.1$ mm，以免在硬化层中切削。

(4) 切削液。车削时，用乳化液或极压乳化液；铰孔时，采用硫化油或极压切削油；攻丝时，采用 MoS2 或石墨和机械油混合剂、动植物混合油。

(5) 注意的问题。由于切削不锈钢时硬化现象严重，所以车削时，刀具不要在切削表面停留，以免加剧硬化。特别是在用高速钢刀具时，一定要注意这点，采用低速大进给量。

3. 高强度钢和超高强度钢的车削

高强度和超高强度钢，是指中等含碳量、经淬火后中温回火调质的合金钢。高强度钢的抗拉强度 Rm 为 1 000～1 500 MPa，超高强度钢的抗拉强度 Rm 为 1 500～2 300 MPa。它的硬度为35～50 HRC，冲击韧度 α_k 为49～98 J/cm^2，它的相对切削加工性只有0.1～0.45(45 钢为 1 时)，所以切削加工性很差。

(1) 刀具材料

1) 高速钢。应首选高性能高速钢，比普通高速钢刀具的耐用度提高几倍。如 W2Mo9Cr4VCo8、W6Mo5Cr4V2Al、W12Mo3Cr4V3N等。

2) 硬质合金。如 YS8、YC45、YC35、YS25、YT758、YT726、YT707 等。涂层硬质合金，如 YB21、CN15、CN25 等。

3) 陶瓷。它是车削高强度钢和超高强度钢很好的刀具材料，如 AT6、AG2、LT35、LT55、FD04、FD22 等。

4) 立方氮化硼。由立方氮化硼复合片(PCBN)刀具的性能，特别适用于高强度钢和超高强度钢的高速半精车和精车，效果显著优于上述两种刀具材料。

(2) 刀具几何参数。由于此种钢的硬度高、抗拉强度高、导热率低、单位切削力大(κ_c＝3 000～3 600 MPa)、刀—屑接触短、切削温度高等特点，车刀的几何参数见表 4-1。

表 4-1　车刀的几何参数

刀具的几何角度 \ 刀具材料	高速钢	硬质合金	陶瓷	PCBN
γ_o(°)	8～12	－4～6	－15～－4	－12～－8
α_0(°)	5～10	6～10	6～10	10～15
λ_s(°)	2～4	－10～0	－10～2	－10～0

(3) 切削用量。见表 4-2，粗车时，v_c 取小值，a_p 和 f 取大值。

表 4-2　切削用量

切削用量 \ 刀具材料	高速钢	硬质合金	陶瓷	PCBN
v_c(m/min)	3～11	30～70	40～120	100～200
a_p(mm)	0.3～3	1～5	1～4	0.5～3
f(mm/r)	0.1～0.3	0.15～0.4	0.05～0.5	0.1～0.3

4. 高锰钢的车削

锰的含量在 11%～18%的钢，称为高锰钢。常用的典型牌号为 ZMn13。高锰钢具有很高的耐磨性，虽然它的硬度只有 210HB，但它屈服点 σ_s 较低（392 MPa），只有抗拉强度 Rm 的 40%，因此具有较高的塑性和韧性。当它受到外来压力和冲击载荷后，会产生很大的塑性变形和严重的表层硬化现象，使钢被剧烈强化，其硬度可达 450～550HB(46～54HRC)，硬化层深度可达 0.1～0.3 mm，其硬化程度和深度比 45 钢高好几倍。它的单位切削力比切削 45 钢大 60%，在相同的切削条件下，比切削 45 钢的切削温度高 200℃～250℃。由于它的抗拉强度高（Rm＝850～1 470 MPa）、伸长率大（δ＝50%～80%）、热导率低（K＝10～20 W/m·K），它的相对切削加工性只有 K_r＝0.2～0.4（45 钢 K_r＝1 时），是难切削材料。

(1) 刀具材料

1) 高速钢。一般在低速车削时采用，如钻、铰和攻丝等工步。最好采用高性能高速钢，牌号有 W2Mo9Cr4VCo8（M42）、W6Mo5Cr4V2Al(M2Al)、W12Mo3Cr4VCo8Si、W12Mo3Cr4V3N。

2) 硬质合金。应选用 YS8、YS10、YW2、YG643、YG813 等。涂层硬质合金有 YB01、YB02、YB03、YB21、CN25、CN35、YB11 等。

3) 陶瓷。牌号有 AG2、AT6、T8、SG4、LT35、LT55。

(2) 刀具几何参数。高速钢刀具，γ_o＝5°～10°，α_o＝8°～10°；

硬质合金刀具，$\gamma_o=-3°\sim3°$，$\alpha_o=8°\sim12°$，$\kappa_r=30°\sim45°$；陶瓷刀具，$\gamma_o=-8°\sim0°$，$\alpha_o=5°\sim10°$，$\kappa_r=45°\sim60°$。它们的 $\lambda_s=-10°\sim0°$，$r_\varepsilon=1\sim2$ mm，$\gamma_{o1}=-15°\sim-5°$，$b_\gamma=0.2\sim0.8$ mm。

(3) 切削用量。高速钢刀具，$v_c=3\sim5$ m/min；硬质合金刀具，$v_c=20\sim40$ m/min；陶瓷刀具，$v_c=50\sim80$ m/min。这些刀具的 a_p 和 f 尽可能大于 0.2 mm，以避免在硬化层中切削，而加剧刀具磨损。

(4) 切削液。车削时应使用冷却润滑液冷却与润滑，以降低切削温度和减小刀具磨损。一般采用普通乳化液，最好采用极压乳化液。

(5) 注意的问题。由于高锰钢在切削时，硬化特别严重，所以在切削时，除选用较大的 a_p 和 f 外，应避免刀具在切削表面停留，以免加剧切削表面硬化，给下一次进刀带来了困难。在用高速钢钻头时，入刀退刀一定要果断，不宜片刻停留，避免上述之事发生。如果发生了，重新磨钻头，降低转速开始猛进刀，把已严重的硬化层钻掉，再恢正常的钻削。

5. 钛合金的车削

钛合金是一种仅次于高温合金的难切削材料。它的密度 ρ 为 4.5 g/cm^3，仅为钢材的 60%；其抗拉强度 Rm 可达1 000 MPa以上，具有很高的比强度(Rm/ρ)，是所有金属中最高的；它的弹性模量 E 为 120 000 MPa，仅为钢材的 1/2；具有高的热强度，可在 500 ℃条件下长期工作；抗蚀性能好，远优于不锈钢；化学活性大，与大气中的 O、N、H、CO_2、CO、水蒸气、氨气产生反应，生成硬脆层，塑性下降；热导率低(5.44～10.47 W/m·K)；低温性能好，能在超低温条件下保持原有性能。它由于有以上性能特点，现在广泛应用于航天、航空、化工和医疗等各领域。

钛的熔点为 1 720 ℃，在低于 882 ℃时，呈密排六方晶格结构，称为 α 钛；在 882 ℃以上时，呈体心立方晶格结构，称为 β 钛。在钛中加入 Al、Cu、Mo、Mn、V、Fe、Cr、Sn、Si 等合金元素，形成了

α+β钛等三种不同性能的钛合金依秩牌号分别为TA、TB和TC。其中α钛合金（TA1～TA8）的切削加工性相对较好，α+β钛合金（TC1～TC10）稍差，β钛合金（TB1、TB2）最差。

（1）刀具材料

1）高速钢。应选用高性能高速钢，如W6Mo5Cr4V2Al、W2Mo9Cr4VCo8、W12Mo3Cr4V3Co5Si。

2）硬质合金。由于钛合金属于有色金属，应选用YG或YW类硬质合金。最好选用细晶粒或超细晶粒硬质合金，以提高刀具耐用度。如YG813、YS2、YD15、YG6X、YW4等。

3）金刚石。天然金刚石刀具用于精密车削，人造聚晶金刚石复合片（PCD）和人造金刚石厚膜钎焊刀具（CVD）。它们的刀具耐用度是硬质合金的几十至几百倍，其加工效率是硬质合金刀具的4倍以上。

（2）刀具几何参数。由于钛合金在切削时，切屑与前刀面接触短，应采用较小的前角，可增大切屑与前刀面的接触面积，使切削力和切削热不致于过分集中在刀具刃口，改善散热条件，又增加了刀刃强度，减少崩刃的可能性。一般$\gamma_o=5°\sim15°$；由于钛合金的弹性模量小，弹性恢复大，应采用较大的后角，减小刀具后刀面与工件的摩擦和黏附现象，所以切削各种钛合金的$\alpha_o\geqslant15°$；为增大散热面积，$\kappa_r=45°\sim75°$，$\kappa'_r=10°\sim15°$；$r_\varepsilon=0.4\sim1.6$ mm。粗车时，$\lambda_s=-5°\sim-3°$，精车时，$\lambda_s=0°\sim3°$。PCD和CVD刀具，$\gamma_o=0°\sim5°$，$\alpha_0=12°\sim15°$，$\lambda_s=0°\sim3°$。

（3）切削用量。由于钛合金的热导率很低（5.44 W/m·K～10.47 W/m·K），切削温度高，所以直接影响切削速度的提高。高速钢刀具切削钛合金的最佳切削温度为480℃～540℃，相对应的$v_c=8\sim12$ m/min；硬质合金刀具切削钛合金的最佳切削温度为650℃～750℃，相对应的$v_c=20\sim54$ m/min。PCD和CVD人造金刚石刀具，由于金刚石的热导率高（$K=2\,000$ W/m·K），所以可允许高的切削速度，$v_c=100\sim200$ m/min，湿切取大值，干切取小值。各种材料刀具切削钛合金的a_p和f无特殊要求。

(4) 切削液。选用热导率高的乳化液、极压乳化液或添加极压添加剂的水溶液。

(5) 注意的问题。不应使用含氯的切削液,以免造成应力腐蚀。如使用了含氯的切削液,应在加工后立即用不含氯的清洗液洗干净;微量车削钛合金时,切屑可能产生自燃烧现象,一旦着火可用滑石粉、石灰粉或干砂扑灭,不能浇水。

6. 高温合金的车削

高温合金又称耐热合金。它是多组元的复杂合金,能在600℃~1 000℃的高温氧化气氛和燃气腐蚀条件下工作,具有优良的热强度性能、热稳定性和热疲劳性能,而广泛用于航天、航空、造船和热处理等领域。

高温合金按生产工艺分,有变形高温合金和铸造高温合金。按基体合金元素分,有铁基、铁镍基、镍基和钴基高温合金。

由于高温合金在切削时的切削力大(比切一般钢材大 2~3倍)、切削温度高(在相同条件下比切 45 钢高 300℃以上)、加工硬化严重(切削表面和已加工表面的硬度比基体硬度高一倍以上)、刀具磨损严重(切削时会造成刀具严重的磨料、粘结、扩散、边界和沟纹磨损)。所以它的切削加工性是难切削材料中最差的。当45钢的相对切削加工性为 1 时,变形高温合金的相对切削加工性为0.2~0.4,铸造高温合金的相对切削加工性则只有 0.08~0.1。

(1) 刀具材料。

1) 高速钢。应优先选用高碳、高钒、含铝、含钴和粉末冶金等高性能高速钢,以提高刀具的切削性能和刀具耐用度。如W2Mo9Cr4VCo8、W6Mo5Cr4V2Al、W12Cr4V4Mo、W10Mo4Cr4V3Al、W12Cr4V5Co5、W12Mo3Cr4V3Co5Si 等。

2) 硬质合金。应优先选超细晶粒的 YG 或 YW 类硬质合金,以抗刀具黏结磨损和刀具耐用度。如 YD15、YS2、YS8、YG813、YW4 等。还可用 Al_2O_3、TiAlSi、TiC 等涂层硬质合金。

3) 立方氮化硼。除应用于高温合金的半精车和精车外,最适合用于镍基高温合金的车削。

(2) 刀具几何参数。高速钢刀具，$\gamma_o = 15° \sim 20°$；硬质合金刀具，$\gamma_o = 5° \sim 10°$；PCBN 刀具，$\gamma_o = -5° \sim 0°$。铸造高温合金取小值。$\alpha_o = 10° \sim 15°$，$\kappa_r = 45° \sim 75°$，$\lambda_s = -10° \sim -3°$。精车时，$\lambda_s = 0° \sim 3°$。

(3) 切削用量。高速钢刀具，$v_c = 3 \sim 6$ m/min；硬质合金刀具，$v_c = 10 \sim 40$ m/min；PCBN 刀具，$v_c = 40 \sim 100$ m/min。铸造高温合金取小值。a_p 和 f 大于 0.1 mm。

(4) 切削液。车削高温合金时，应使用切削液，这样可使切削温度降低、刀具耐用度提高。最好用极压乳化液或极压切削油。普通乳化液或水溶液也可以。但在使用 PCBN 刀具时，千万不要使用水基切削液，以免加剧刀具磨损。

(5) 注意的问题。在用麻花钻头钻铸造高温合金前，应把钻头的刃带（$\alpha'_o = 0°$）改磨成 $\alpha'_o = 4° \sim 6°$，以避免钻孔时和孔壁摩擦和黏结，造成钻头折断；为了保持刀具锋利和减小加工硬化现象，刀具的磨钝标准应为车削一般钢材的 1/2；采用高速钢刀具车削和钻孔时，应避免刀具在切削表面停留，以免加剧硬化，给下一次切削带来了困难。

7. 冷硬铸铁和耐磨合金铸铁的车削

这两类铸铁共同的特点是硬度高和耐磨性好。其中有冷硬铸铁（表层有硬度高达 51HRC 的白口化，心部仍是灰口组织，主要用于作轧辊和耐磨零件）、激冷镍铬铸铁（硬度为 60HRC，也主要用作轧辊）、耐磨合金铸铁（含 Cr15%、Mo3%，硬度为 62HRC）、高铬合金铸铁（含 Cr22%～25%、Si1.2%等，硬度为 60HRC，用来制造在 800 ℃以下工作的耐磨零件）、高硅耐蚀铸铁（硬度为 42～48HRC，能耐酸、碱和电化学腐蚀）。

由于这些铸铁的硬度高、脆性大、切削力大（$\kappa_c = 3\,000$ MPa 以上）、切削温度高，加上它们为铸造，有砂眼、夹砂和气孔等缺陷，车削时冲击大，刀具极易磨损和打坏，车削极为困难。

(1) 刀具材料。应选用含 TaC 或 NbC 的 YG 类、硬度和抗弯强度高的超细晶粒硬质合金，如 YS8、YS2、YS10、YG8N 等；陶瓷刀具材料，如 SG4、AT6、FT80、F85；PCBN 是半精车和精车最好的刀具材料；半精和精车用 PCBN 刀具材料。

(2) 刀具几何参数。上述三种刀具材料的车刀，$\gamma_o=-5°\sim 0°$，$\alpha_o=5°\sim 10°$，$\kappa_r=15°\sim 30°$，$\kappa'_r=6°\sim 15°$，$\lambda_s=-5°\sim 0°$，$\gamma_{o1}=-20°\sim -10°$，$b_\gamma=0.3\sim 0.5$ mm，$r_\varepsilon=0.8\sim 1.6$ mm。

(3) 切削用量。硬质合金刀具，$v_c=6\sim 18$ m/min，$a_p=0.5\sim 10$ mm，$f=0.5\sim 1$ mm/r；陶瓷刀具，$v_c=40\sim 60$ m/min，$a_p=0.5\sim 4$ mm，$f=0.3\sim 0.6$ mm/r；PCBN 刀具，$v_c=70\sim 100$ m/min，$a_p=0.5\sim 2$ mm，$f=0.15\sim 0.3$ mm/r。粗车时，v_c 取小值，a_p 和 f 取大值。精车时，与此相反。

8. 纯镍的车削

镍是银白色铁族金属，它的熔点高(1 452 ℃)，抗腐蚀性强，具有一定的机械强度、良好的塑性和耐热性，可是它的切削加工性极差。切削时，温度高而集中在刀具刃口附近，并与刀具材料的钴、镍、钼等合金元素发生严重的亲和作用，发生严重的黏结，所以用硬质合金刀具切削纯镍，都因黏结而失败，因此，不能用硬质合金刀具切削纯镍。

(1) 刀具材料。应首选 W2Mo9Cr4VCo8(M42)和 W6Mo5-Cr4V2Al(M2Al)等高性能高速钢；氮化硅(Si3N4)陶瓷也可车削纯镍，由于它的刀刃不锋利，效果不太好；车削纯镍最好的刀具材料是立方氮化硼(PCBN)，用金刚石砂轮刃磨，可获得锋利的刀刃。

(2) 刀具几何参数。PCBN 刀具，$\gamma_o=-5°\sim 0°$，$\alpha_o=6°\sim 8°$，$\kappa_r=75°\sim 90°$；高速钢刀具，$\gamma_o=5°\sim 10°$，其他与前相同。

(3) 切削用量。PCBN 刀具，$v_c=100$ m/min；高速钢刀具，$v_c=20\sim 30$ m/min，其他与车削一般材料相同。

9. 热喷涂(焊)材料的车削

热喷涂(焊)材料,大多为多组元高温高强合金,经高温高速喷射在工件表面后,工件表层的硬度、耐磨性、耐热性和耐蚀性大幅度提高。一般铜基和铁基粉末喷涂层的硬度小于45HRC,较易车削;钴基和镍基粉末喷涂层的硬度大于50HRC,较难车削;钴包WC、镍包WC和镍包Al_2O_3等粉末喷涂层的硬度大于65HRC,最难车削。另一方面,喷涂层不但硬而薄,若车削条件选择不好,有时表层还会剥落,又给车削带来了困难。

(1) 刀具材料。对于硬度小于45HRC的喷涂层,可采用YG或YW类的硬质合金;对于硬度小于65HRC的喷涂层,可采用YS8、YG600、YG643、YG610、YC12、YD05、YS2、YG726等硬质合金;对于喷涂层硬度大于65HRC的,除选用YD05、YC12、YS8、YG600、YG610等高硬度硬质合金外,最好采用PCBN刀具,可以使切削速度和刀具耐用度成倍提高;SG4、SG5、LT35、LT55等陶瓷也是车削喷涂层较好的刀具材料。

(2) 刀具几何参数。$\gamma_o=-5°\sim0°$,$\alpha_o=8°\sim12°$,$\kappa_r=10°\sim45°$,$\kappa'_r=10°\sim45°$,$\lambda_s=-5°\sim0°$,$\gamma_{01}=-15°\sim-10°$,$b_\gamma=(0.7\sim0.9)f$,$r_\varepsilon=0.8\sim1.6$ mm。

(3) 切削用量。硬质合金刀具,$v_c=6\sim40$ m/min,陶瓷和PCBN刀具,分别比硬质合金刀具的v_c高1倍和4倍。$a_p=0.15\sim0.6$ mm,$f=0.2\sim1$ mm/r。

(4) 注意的问题。为了防止在车削时喷涂层剥落,应采用小的a_p和大的f,刀尖圆弧半径应稍大一些;喷涂层硬度高时,v_c应低一些,反之可高一些;对硬度高于65HRC的喷涂层,最好采用PCBN刀具车削。

10. 软橡胶的车削

橡胶的硬度低(邵尔A型35~90)、强度低($R_m=19.6\sim24.5$ MPa)、伸长率大($\delta=500\%\sim700\%$)、热导率极低($K=$

0.14 W/m·K)，按材料性能分级，它的切削加工性是最难的。由于软橡胶的弹性模量极小($E=1.9\sim3.9$ MPa)，是一般钢的1/68 976，弹性恢复快，当刀具不特别锋利或余量小时，就很难切下切屑；由于它的硬度和强度很低，要求刀具的楔角小，切削时以切割的方式切下切屑，刀具的刀尖部分，还要磨出大于进给量的修光刃，否则切屑会连在已加工表面上不会脱离；由于它的热导率是一般钢材的1/350，加之弹性恢复大，与刀具后刀面摩擦大，刀具楔角小，散热条件差，刀具容易磨损变钝。

(1) 刀具材料。采用高速钢和抗弯强度与热导率高的YG类硬质合金，如YG8、YS2、YG6X等。

(2) 刀具几何参数。$\gamma_{o}=45^\circ\sim55^\circ$，$\alpha_{o}=12^\circ\sim15^\circ$，$\beta_{o}=20^\circ\sim30^\circ$，刀尖部分还要磨出大于进给量的修光刃。在刃磨成形刀时(如车O形圈)、为保证工件形状正确，采用$\gamma_{o}=0^\circ$，$\alpha_{o}=70^\circ$，使用时，用手拿住刀使工作前角成为负值，对工件进行刮削。几种车削橡胶的典型刀具，如图4-1～4-5所示。

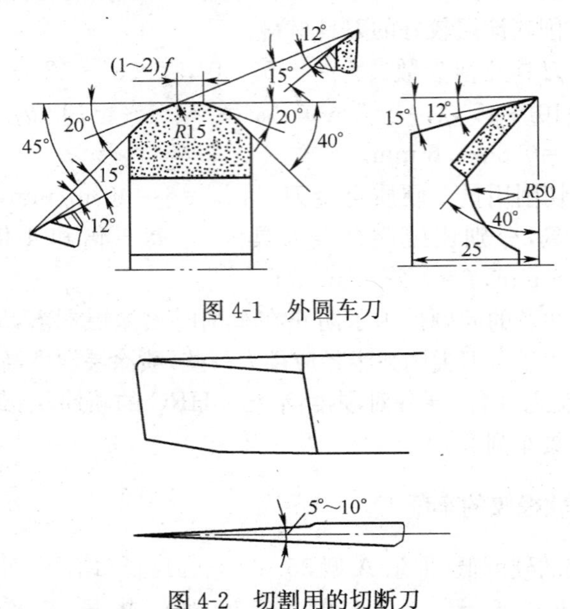

图4-1 外圆车刀

图4-2 切割用的切断刀

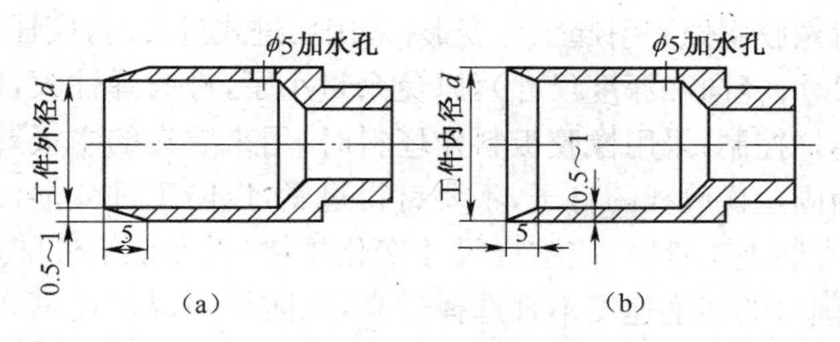

图 4-3　套料刀

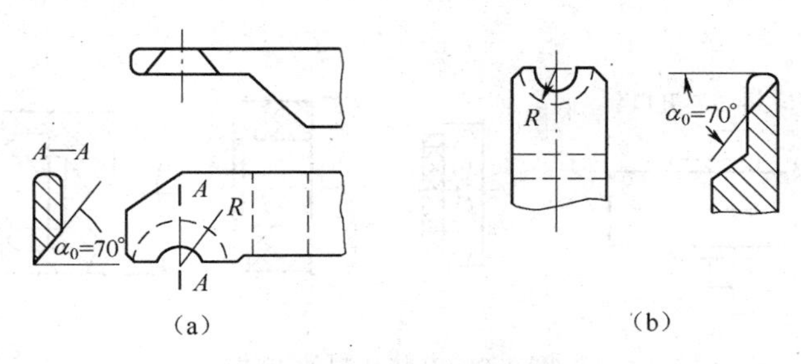

图 4-4　车 O 形圈大后角成形刀

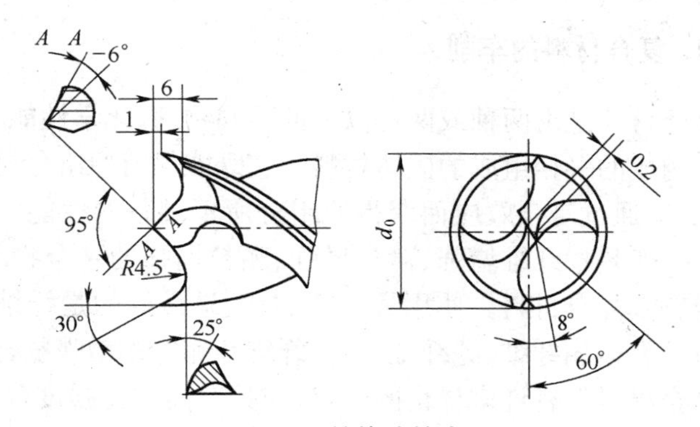

图 4-5　钻橡胶钻头

(3) 切削用量。高速钢刀具，v_c＝40～60 m/min，a_p＝0.5～5 mm，f ＝ 0.2 ～ 0.5 mm/r，硬质合金刀具，v_c ＝ 100 ～ 150 m/min，a_p＝1～4 mm，f＝0.2～0.5 mm/r。如采用图 4-4 所示的成形刀时，用手控制进给量一定要慢。

(4) 注意的问题。车削橡胶时，切勿用油类进行冷却润滑，以防油对橡胶腐蚀和引起工件变形；采用切进式进刀时，应仔细掌握进刀尺寸(径向和深度尺寸)，以免余量小了，橡胶弹性大，使工件尺寸不好控制；采用橡胶板料作坯料时，用来装夹的木板要平整，在上面固定橡胶板的钉子，不要钉得过紧，以防工件变形；采用心轴、套类装夹工件时，应掌握尺寸变化规律，以保证工件的尺寸精度；车削时的切削速度不宜选择过高，以防切削温超过 150 ℃，使橡胶软化。并且刀具应保持锋利；橡胶坯料的装夹形式，如图 4-6 所示。

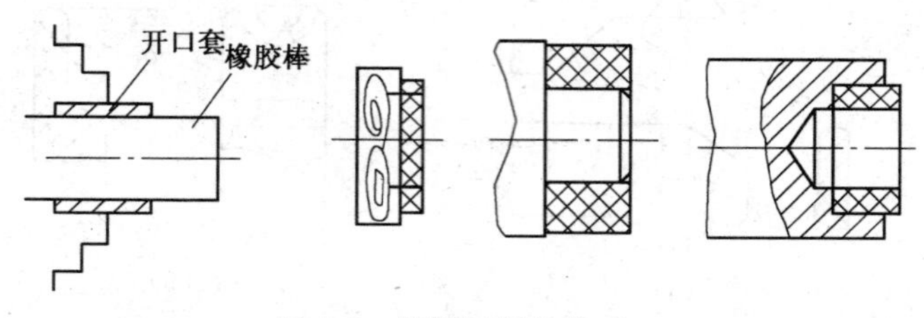

图 4-6 安装坯料的方式

11. 复合材料的车削

复合材料是由两种或两种以上的不同物理、化学性能的物质，由人工制成的多相组成的固体材料。它既能保留原组分材料的主要性能，又通过复合效应而获得原组分所不具备的性能。现代复合材料一般是指纤维增强、薄片增强、颗粒增强的聚合物基、陶瓷基或金属基复合材料。使用最广泛的、效果最好的是纤维增强复合材料。如玻璃纤维、碳纤维、芳纶纤维和硼纤维增强复合材料。

复合材料具有许多优良的特点，如具有高的比强度(R_m/ρ)和比刚度(E/ρ)，比金属高 3～8 倍。抗疲劳性好，减振性好，断裂安全性好，具有多种功能(耐高温、耐腐蚀、电绝缘性、高频介电性、耐烧蚀、良好的摩擦性等等)、良好的工艺性、各向异性和性能的可设计性等，因此得到广泛应用。

(1) 刀具材料。硬质合金，如 YS8、YS2、YD05、YG600、YG610；人造金刚石，如 PCD、CVD。由于复合材料的增强纤维的硬度和强度很高，当刀具刃口磨损不锋利时不易被切断，会产生很大的毛刺。PCD 和 CVD 的硬度是硬质合金 4～6 倍，能使刀具刃口保持锋利，其刀具耐用度是硬质合金的几百倍，是十分理想车削复合材料的刀具材料。PCBN 也是远优于硬质合金的刀具材料。

(2) 刀具几何参数。$\gamma_o=-5°\sim10°$，$\alpha_o=10°\sim15°$，为了使切入切出平稳和避免分层与崩边，$\kappa_r=45°\sim75$，$\lambda_s=-10°\sim-5°$，$r_\varepsilon=1\sim3$ mm。钻孔时，应尽量采用硬质合金钻头，并把钻头的横刃宽度磨小为原来的 1/3～1/4，副后刀面原来的刃带磨成 $\alpha'_o=3°\sim5°$，以减小和孔壁的摩擦。车削螺纹的车刀，为了防止崩牙和毛刺，应把切深前角 γ_p 磨成 $\gamma_p=-25°\sim-20°$，这时的螺纹车刀在前刀面的刀尖角应比螺纹的牙形角小 4°～6°，以保证工件牙形角正确。

(3) 切削用量。高速钢刀具，$v_c=5\sim15$ m/min；硬质合金刀具，$v_c=40\sim80$ m/min；PCD、CVD 或 PCBN 刀具，$v_c=80\sim120$ m/min。$a_p=0.5\sim8$ mm，$f=0.2\sim0.5$ mm/r。在切出处，f 应小一些，以避免崩边或分层。

(4) 注意的问题。在车削时应不用冷却润滑液；切削温度不宜过高，以避免基体树脂烧焦、软化和变质；车削时，操作者应进行防护，以避免粉尘进入口鼻中，或接触皮肤。最好使用吸尘器。

第二节　难熔金属的车削

1. 钨及钨合金的车削

钨是难熔金属，它的熔点为 3 380℃。钨的密度 ρ 为 19.1 g/cm^3，又称高密度合金。它的硬度为 290 HBW～350 HBW，抗拉强度 Rm 为 981～1 472 MPa，伸长率 δ 为 35%，热导率 K 为 166.2 W/m·K。由于它的硬度和强度高，也是属于难切削材料。在纯钨中添加 Cu、Ni 作黏接剂，通过粉末冶金的方法得到的钨合金，其硬度和强度比纯钨高，其切削加工性更差。

(1) 刀具材料。车削时，应选用导热性好、抗弯强度也比较高的 YG 类硬质合金。如 YG8、YG6X、YS2、YG813、YD15 等；PCD 和 CVD 是车削钨及其合金最好的刀具材料。

(2) 刀具几何参数。硬质合金刀具，$\gamma_o=5°\sim10°$，$\alpha_o=8°\sim10°$，$\kappa_r=45°\sim75°$，$\gamma_{o1}=-5°\sim-3°$，$b_\gamma=0.3\sim0.5$ mm，$r_\varepsilon=0.5\sim1.5$ mm；PCD 和 CVD 刀具，$\gamma_o=0°\sim5°$，$\alpha_o=10°\sim12°$，$\lambda_s=-3°\sim0°$，$\kappa_r=45°\sim90°$，$\gamma_{o1}=-15°\sim-10°$，$b_\gamma=0.2\sim0.4$ mm，$r_\varepsilon=0.4\sim0.8$ mm。

(3) 切削用量。硬质合金刀具，铸钨锭荒车时，$v_c=5\sim15$ m/min；铸钨锭粗车和半精车时，$v_c=20\sim40$ m/min；钝钨车削时，$v_c=50\sim70$ m/min。$a_p=0.5\sim4$ mm，$f=0.1\sim0.5$ mm/r。PCD 和 CVD 刀具，$v_c=80\sim150$ m/min，$a_p=0.1\sim3$ mm，$f=0.05\sim0.3$ mm/r。

(4) 改善钨的切削加工性的方法。钨的切削加工性很差，为改善切削加工性，可采用对钨坯进行喷砂处理，去除氧化层，减小刀具磨损；在粗车前，用喷灯把工件加热至 200℃以上，再车削；对纯钨进行渗铜，可以显著改切削加工性；在钨中加入一些氧化锆；采用 PCD、CVD 或 PCBN 刀具车削。

2. 钼及其合金的车削

钼的熔点高(2 695℃)，有极高的弹性模量(343 350 MPa)，热膨胀系数小，导电、导热好($K=142.3$ W/m·K)，常用来制造刚度要求高的零件，能耐高温和腐蚀。钼呈银灰色，其化学性能与钨近似，钼本身的硬度不高(35 HBW～125 HBW)，但钼材的硬度高，室温下脆性大，当温度达到 350℃～450℃时，塑性明显上升，硬度有所下降。钼及其合金有 99.9%的纯钼、TZM(钛、锆、钼合金)、TZC(钛、锆、碳、钼合金)、Mo—30W 合金、Mo—0.5Ti 合金等。由于它的弹性模量很大，单位切削力可达 2 413 MPa。切削时，易与刀具前刀面发生黏结，使刀具产生黏结磨损。

(1) 刀具材料。应选用抗弯强度高、韧性好、抗黏结性好、耐磨性好的硬质合金，如 YS2、YW1、YW2、YG6X、YG8 等。在低速车削时，最好采用 W6Mo5Cr4V2A1 和 W2Mo9Cr4VCo8 等高速钢。

（2）刀具几何参数。由于钼的刚度大，结合力强，不易产生变形，切除困难，宜采用较大的刀具前角，配以负的刃倾角，较小的主偏角，以增大刀尖强度。$\gamma_o=15°\sim20°$，$\alpha_o=10°\sim12°$，$\kappa_r=45°\sim60°$，$\kappa'_r=10°\sim15°$，$\lambda_s=-5°\sim-3°$，$\gamma_{o1}=-5°\sim-3°$，$b_\gamma=0.1\sim0.3$ mm。

（3）切削用量。用硬质合金刀具，粗车时，$v_c=35\sim75$ m/min，$a_p=4\sim7$ mm，$f=0.2\sim0.5$ mm/r；精车时，$v_c=50\sim120$ m/min，$a_p=0.2\sim0.4$ mm，$f=0.1\sim0.3$ mm/r。高速钢刀具，$v_c=8\sim15$ m/min。

3. 铌的车削

铌的强度（$Rm=294$ MPa）和硬度（75 HBW）较低，而韧性较高，具有良好的冷塑性，热导率 K 为 52.3 W/m·K。在切削的过程中，随着温度的升高，由于铌在氧、氮气氛中的活泼性很大，吸收这些气体，对它产生显著的影响，所以切削铌时，要防止切削温度过高而产生氧化。要求锐利的刀具和较低的切削速度，并浇注大量的冷却润滑液，以防止切削温度过高。

（1）刀具材料。可采用高速钢和 YG 或 YW 类硬质合金，如 YG8、YG6X、YS2、YW2。

（2）刀具几何参数。$\gamma_o=20°\sim25°$，$\alpha_o=10\sim15°$，$\kappa_r=45°\sim60°$，$\kappa'_r=10°\sim15°$，$\lambda_s=0°\sim5°$，$r_\varepsilon=0.4\sim0.8$ mm。

（3）切削用量。高速钢刀具，$v_c\leqslant30$ m/min，$a_p=0.2\sim4$ mm，$f=0.2\sim0.3$ mm/r；硬质合金刀具，粗车时，$v_c=45\sim80$ m/min，$a_p=3\sim5$ mm，$f=0.3\sim0.5$ mm/r；半精车和精车时，$v_c=70\sim120$ m/min，$a_p=0.1\sim2$ mm，$f=0.1\sim0.3$ mm/r。

4. 钽的车削

钽的熔点高（2 980℃），密度大（$\rho=16.67$ g/cm^3），硬度低

(75～125HBW)，强度低(Rm＝343～441 MPa)，热导率 K 为 54.4 W/m·K。退火状态下，有良好的塑性，造成软而韧。在切削时，产生严重的黏附现象，造成刀具的黏结磨损。当 v_c<20 m/min 时，黏刀和撕裂现象严重。当 v_c>20～40 m/min 时，情况大有改变。这是因为 v_c 提高，切削温度升高，使摩擦减小。故车削软而韧的钽材，刀具的前、后角都要大，使刀具楔角减小使刃口锋利。

(1) 刀具材料。高速钢应首选 W6Mo5Cr4V2Al 和 W2Mo9-Cr4VCo8，可以成倍提高刀具耐度；硬质合金，应选 YG 类细晶粒或超细晶粒的牌号，如 YS2、YG6X、YW2、YG8 等。

(2) 刀具几何参数。$\gamma_o=35°\sim40°$，$\alpha_o=10°\sim15°$，$\kappa_r=75°\sim90°$，$\kappa'_r=10°\sim15°$，$\lambda_s=0°\sim3°$，$\gamma_{o1}=0°\sim2°$，$b_\gamma=0.1\sim0.3$ mm，$r_\varepsilon=0.4\sim0.8$ mm。

(3) 切削用量。高速钢刀具，v_c＝15～20 m/min；硬质合金刀具，粗车时，v_c＝30～70 m/min，a_p＝3～8 mm，f＝0.2～0.4 mm/r；半精车和精车时，v_c＝50～80 m/min，$a_p\leqslant0.5$ mm，f＝0.1～0.3 mm/r。

(4) 切削液。由于钽的熔点高，激活能大，故在切削时消耗的能量大，切削温度高，应采用冷却与润滑性能较好的切削液，如极压乳化液或极压切削油。采用 CCl4 加等量的机械油，效果比较理想。

5. 锆的车削

锆的熔点为 1 852℃，硬度为 120～133 HBW，抗拉强度 Rm 为 294～491 MPa，伸长率 δ 为 15%～30%，热导率 K 为 88.3 W/m·K。锆的熔点虽然较高，但软化温度低，在发相变温度(862℃)前，已经显著软化。锆在切削时，会产生许多与钛或钛合金相似的切削特点，弹性变形大，切屑与刀具易黏结，加工硬化。锆的韧性较好，切屑呈带状。微量切削时，切屑易燃烧。

(1) 刀具材料。最好采用高性能高速钢，如 W6Mo5Cr4V2A1；

硬质合金应用 YG 类，如 YG8、YG6X、YS2、YD15 等。

(2) 刀具几何参数。高速钢刀具，$\gamma_o=15°\sim30°$，$\alpha_o=12°\sim15°$；硬质合金刀具，$\gamma_o=16°\sim23°$，$\alpha_o=10°\sim15°$，$\kappa_r=45°\sim60°$，$\kappa'_r=10°\sim15°$，$\gamma_{o1}=-5°\sim-2°$，$b_\gamma=0.2\sim0.5$ mm，$r_\varepsilon=0.4\sim0.8$ mm，卷屑槽圆弧半径 $Rn=6\sim10$ mm。

(3) 切削用量。高速钢刀具，$v_c=25\sim30$ m/min；硬质合金刀具，粗车时，$v_c=90\sim150$ m/min，$a_p=3\sim5$ mm，$f=0.5\sim1$ mm/r；半精车和精车时，$v_c=120\sim200$ m/min，$a_p\leqslant2$ mm，$f=0.1\sim0.3$ mm/r。

(4) 切削液。为了防止自燃和降低切削温度，应使用大量的水溶性切削液。

第三节　硬脆金属与非金属的车削

1. 硬质合金的车削

硬质合金是用粉末冶金工艺，制成成品或半成品，用来制作刀具(片)、模具和耐磨零件。它的硬度高(82 HRA～93 HRA)、脆性大($\sigma_{bb}=90$ MPa～2 500 MPa 现在 σ_{bb} 可达 3 500 MPa～4 000 MPa)。过去只能用碳化硅、人造金刚石砂轮磨削或电加工。现在也可以用 PCD 刀具来车削。因为 PCD 刀具材料的硬度比硬质合金的硬度高 4 倍以上，车削的效率比磨削高 10 倍左右。

车削时，刀具 $\gamma_o=-10°\sim0°$，$a_o=12°\sim15°$，$\kappa_r=30°\sim45°$，$\kappa'_r=8°\sim10°$，$\lambda_s=-10°\sim-5°$，$r_\varepsilon=0.8\sim1.6$ mm。特别注意 κ_r 不宜大，α_o 不宜小，以使切入切出平稳，使后刀面的挤压力减小，避免工件崩边。

切削用量。$v_c=25\sim35$ m/min，$a_p=0.1\sim1$ mm，$f=0.05\sim0.15$ mm/r。在车削过程中，用煤油润滑。

2. 工程陶瓷的车削

工程陶瓷是人工合成的高纯度化合物为原料，经精细成形和烧结而成，具有传统陶瓷无法比拟的优良性能。

工程陶瓷有很多种，主要分为结构陶瓷（高温陶瓷和高强陶瓷）和功能陶瓷（磁性、介电、光学、半导体和生物陶瓷）两大类。按化学成分可分为单相陶瓷（一种化合物）、氧化物陶瓷、碳化物陶瓷、氮化物陶瓷、赛珑陶瓷、金属陶瓷和纤维（金属纤维、无机纤维和晶须）陶瓷。

（1）工程陶瓷的性能。高的抗压强度（σ_{bc}＝3 000～5 000 MPa）、高硬度（2 250～3 000 HV）、低密度（ρ＝3.14～4 g/cm^3）、低线膨胀系数（α＝3.9×10^{-6}/℃～6.9×10^{-6}/℃）、低热导率（K＝20.9～31 W/m·K）、高弹性模量（E＝365 000～400 000 MPa）。由于它的硬度高、抗弯强度低、易崩碎，所以切削加工最难。

（2）刀具材料。只能采用 PCD、CVD 和 PCBN 等超硬刀具材料。但车削 AIN 易切陶瓷，也可采用 YG643、YG600、YG610、YS8 等硬质合金，因为它的硬为 1 100 HV(71.5 HRC)。

（3）刀具几何参数。由于陶瓷的硬度高、脆性大（σ_{bb}＝450 MPa～1 300 MPa），其材料的去除机理，是在刀具刃口附近产生脆性破坏，不像切除金属那样产生剪切滑移变形，没有变质层，单位切削力大。而且切深抗力 F_p 大于主切削力 F_c 和进给切削力 F_f。原因是陶瓷硬度高，在切削时难于切入，同时会造成刀具的严重磨料磨损。γ_o＝－15°～－10°，α_o＝12°～15°，κ_r≤30°，κ'_r＝8°～15°，λ_s＝－15°～－10°，γ_{o1}＝－15°～－10°，b_γ＝0.3～0.5 mm，r_ε＝0.8～1.6 mm。也可采用圆形的 PCD 刀片，它的特点是切削深度由大到小变化，其主偏角 κ_r 也由大到小相应变化。

（4）切削用量。v_c＝30～50 m/min，硬质高时取小值。a_p＝1～2 mm，f＝0.1～1.5 mm/r。

（5）切削液。采 PCD 刀具车削时，采用乳化液冷却润滑。采用 PCBN 刀具车削时，采用干切或矿物油冷却润滑。

3. 砂轮的车削

砂轮经过焙烧和固化等工序后，其尺寸、形状和位置精度，均达不到使用的技术要求，还必须经过车削、研搓和磨削。其中对砂轮的车削要占整个再加工量的80%以上。砂轮使用单位有时也砂轮尺寸与使用要求不符，也要进行改尺寸车削，而成为生产中一大难题。

由于客观原因，国内外对砂轮的车削，大都采用传统的刀碗来车削。在车削的过程中，砂轮以高速旋转（$v_c=300\sim400$ m/min）带动淬火的45钢薄壁刀碗旋转并走刀，将砂轮多余的余量去除。因被加工的砂轮与刀碗高速旋转，加工时粉尘和噪声很大，切削深度和进给量很小，造成加工效率低和劳动强度大，刀碗磨损快。如果用大颗粒金刚石刀具，抗弯强度低，价格昂贵，而且切削深度小，只在精修整砂轮时采用。

(1) 刀具材料。采用人造聚晶金刚石复合片（PCD）为刀具材料最为理想。PCD刀片的硬度为7 000～9 000 HV，其硬度为刚玉类磨料3～5倍，是碳化硅磨料硬度的2～3倍。复合后的抗弯强度可达$\sigma_{bb}=1\ 500$ MPa，而且各方向硬度一致，车削砂轮时的体积磨耗比可达1/700万～1/1 300万，刀具耐用度可达4 h。

(2) 刀具几何参数。$\gamma_o=-10°\sim0°$，$\alpha_o=10°\sim15°$，$\kappa_r\leqslant45°$。圆形刀片的机夹车刀，$\gamma_f=10°\sim15°$，$\gamma_p=10°\sim15°$，$\alpha_f=10°\sim15°$，$\alpha_p=10°\sim15°$，如图4-7和图4-8所示。

(3) 切削用量。刚玉磨料的砂轮，$v_c=25\sim40$ m/min；碳化硅磨料的砂轮，$v_c=20\sim30$ m/min。$a_p=0.2\sim5$ mm，$f=0.5\sim1$ mm/r。

(4) 注意的问题。车削时，要用布或纸对机床进行防护，以免砂轮碎沫研伤车床导轨；车削时，不用切削液。

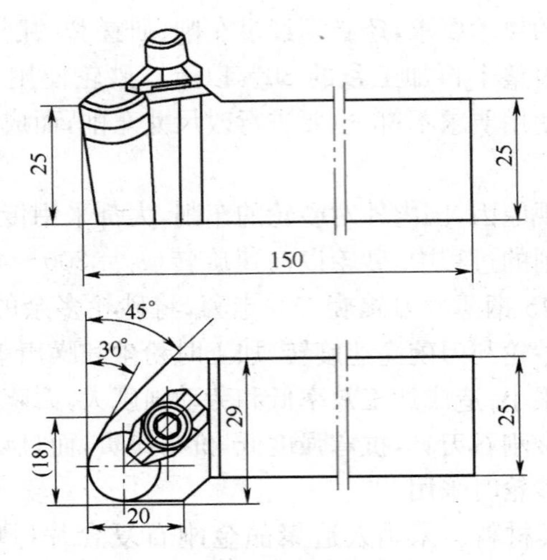

图 4-7　PCD 外圆和端面车刀

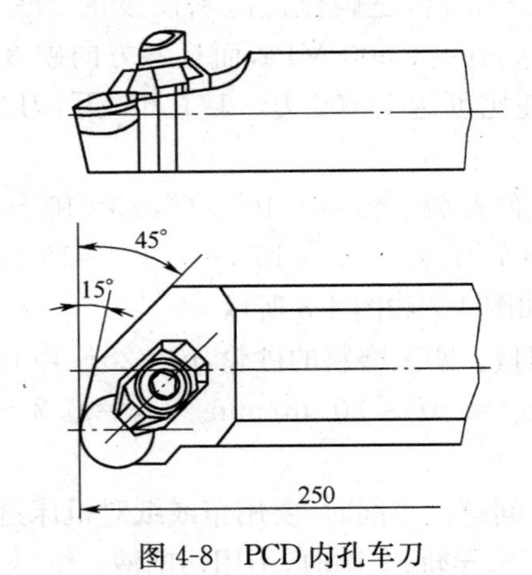

图 4-8　PCD 内孔车刀

参 考 文 献

[1] 韩荣第,于启勋．难加工材料切削加工[M]. 北京:机械工业出版社,1996.
[2] 郑文虎．机械加工现场实用经验[M]. 北京:国防工业出版社,2009.
[3] 郑文虎．刀具材料和刀具的选用[M]. 北京:国防工业出版社,2012.
[4] 胡国强．车工钳工高效刀具应用实例[M]. 北京:国防工业出版社,2010.
[5] 胡国强,王小忠,蔡崧．车工加工工艺经验实例[M]. 北京:国防工业出版社,2010.